A BRIEF HISTORY OF RUSSIA

俄国简史

[美] 玛丽·普拉特·帕米利◎著

宋 纯◎译

北京理工大学出版社
BEIJING INSTITUTE OF TECHNOLOGY PRESS

图书在版编目（CIP）数据

俄国简史 / (美) 玛丽·普拉特·帕米利著；宋纯译. —北京：北京理工大学出版社, 2020.4

ISBN 978-7-5682-8178-2

Ⅰ.①俄… Ⅱ.①玛… ②宋… Ⅲ.①俄罗斯—历史—通俗读物 Ⅳ.①K512.09

中国版本图书馆CIP数据核字（2020）第035800号

出版发行 / 北京理工大学出版社有限责任公司

社　　址 / 北京市海淀区中关村南大街 5 号

邮　　编 / 100081

电　　话 / （010）68914775（总编室）

　　　　　　（010）82562903（教材售后服务热线）

　　　　　　（010）68948351（其他图书服务热线）

网　　址 / http://www.bitpress.com.cn

经　　销 / 全国各地新华书店

印　　刷 / 三河市金元印装有限公司

开　　本 / 880 毫米 × 1230 毫米　　1/32

印　　张 / 7　　　　　　　　　　　　　　　　　责任编辑 / 李慧智

字　　数 / 160千字　　　　　　　　　　　　　　文案编辑 / 李慧智

版　　次 / 2020 年 4 月第 1 版　2020 年 4 月第 1 次印刷　　责任校对 / 刘亚男

定　　价 / 48.00元　　　　　　　　　　　　　　责任印制 / 施胜娟

图书出现印装质量问题，请拨打售后服务热线，本社负责调换

聚集的斯基泰人

古斯拉夫人

奥尔加，留里克王朝第一位接受教会洗礼的王室成员

伊凡雷帝杀子

伊凡四世

彼得大帝

凯瑟琳的秘密婚姻

彼得三世与妻子凯瑟琳二世

凯瑟琳女皇，即叶卡捷琳娜二世

亚历山大一世

亚历山大一世与拿破仑

亚历山大二世

尼古拉斯二世

前　言

　　如果说这本书背离了恰当的历史叙述理想，或者记述的历史是关于权力而不是人类的，那是因为彼时的俄罗斯民族还没有历史。俄国历史上的国家没有任何演化的过程，除了庞大的统治系统。"俄罗斯帝国"象征着一个宏伟磅礴的世界大国，但俄国的大部分人却没有参与其中。欧洲主义壮观的刺绣长袍，披在了混沌的、不发达的半野蛮民族的身上。产生这种不协调现象的原因有很多：需要抗衡恶劣的自然条件；必须处理奇怪的民族问题；进入大国行列的胜利狂欢；最近刚闭幕的，导致大灾难性冲突的环境及由其自身引起的条件的改变。以上的这些就是这本书想尽力描写的。

玛丽·普拉特·帕米利

目 录 Contents

1. 地理环境和种族演变

自然条件

一个国家的地理环境，在某种程度上决定了这个国家的发展前景。设想一下，假如密西西比河（Mississippi）①没有流经广袤的北美大陆，假如没有东部的俄亥俄州（Ohio）②和西部的密苏里州（Missouri）③，没有宽广的湖水灌溉，或是在如此大的国土上没有肥沃的大草原，那么我们国家的历史将会发生怎样翻天覆地的变化？

俄罗斯的地理环境是大自然奇特的产物。在创造这片超过

---

① 密西西比河：位于北美洲中南部，流域面积约为300万平方千米，是北美最大的水系，也是北美最长的河流。——译者注
② 俄亥俄州：位于美国中东部，是五大湖地区的组成部分。——译者注
③ 密苏里州：美国第24个州，一般被划分在中西部地区之内。——译者注

欧洲一半面积的国土时，大自然好像没有草草了事，除了在空间上毫不吝啬外，她也没有表现出其他的慷慨。相反，她的创造是缓慢的，甚至可以说是迟缓的，而且在这一过程中，她是无情的。没有一座火山能突破这片暴怒的土地，也没有一座火山有力量在这里挤出岩石山脊或是建造壁垒，任何一座火山都愿意选择节省力气的方式，将山脊和壁垒丢到西班牙、意大利，或者别的地方，毕竟在那些地方能够给山脊和壁垒披上喜人的绿衣。即使再饥渴的海水，也不会冲进这片土地，更不会将其海岸撕成碎片。一切似乎都处在一个冷血的实验室里，把一个广大的地区置于最残酷、生活最艰苦的条件下，并毫不保留地暴露在冬日极风和夏日炽热的光照中，它美丽又具有魅力的外壳被剥下，只剩下充满干旱和严寒的萧条土地，然后，具有如此独特生存环境的它，被丢弃给人类大家庭中的一个分支；它还被天然又难以攻克的屏障所隔离，无法接受文明的熏陶，而且这怪异的隔离，造成了它发展中的各种问题。

假如我们从地图上看希腊、意大利和英国各岛屿参差不齐的海岸线，我们就能发现，大海对伟大文明的创造有十分强大的推动力。俄罗斯，就像一个干渴难耐的巨人，上百年来对大海都充满了挣扎与渴望。然而，除了它以外的所有欧洲大陆，海水都会慷慨光顾。在俄罗斯早期的历史中，从来没有一艘海船在这片大陆上留下过痕迹。即使是现今，相对如此广阔的土地，它也只是拥有较短的海岸线，因为有一半的海岸线，一年中有九个月的时间都是被冰雪覆盖。

欧洲每一个国家都拥有一个山地系统，以此来保障其国土结构的形态稳定和坚固。但俄罗斯缺乏这一欧洲地形特征，也就是说，它没有这样的山地系统。在俄罗斯宽广而沉闷的平原上，没有任何支撑物足以保证其稳定性，慵懒的河流在平原上流淌，用自己微弱的力量艰难地流入大海。虽然俄罗斯也有山，但喀尔巴阡（Carpathians）山脉、高加索（Caucasus）山脉和乌拉尔（Ural）①山脉只是一条延绵的腰带，并且得和邻居共享。如果在其他地方，如此数量可观的山脉是滋养、丰富以及美化的源泉。然而，在俄罗斯这片怪异土地上，它们仿佛只是天然的监狱。

黑海边的希腊殖民地

如果一个国家缺少海岸线，那么，很明显，河流对于这个国家来说就显得很重要了。俄罗斯的历史就是围绕这三条极为重要的河流展开的。这三条河流是滋养这个怪异帝国的主要力量，同时也创造了这个帝国。这三条河流分别是：伏尔加河（Volga）、第聂伯河（Dnieper）和涅瓦河。伏尔加河，顺着七十五个支流注入里海（the Caspian Sea），就像一个懒散的利维坦（leviathan）②，将东方的洋流带回。第聂伯河，慢慢地流入黑海（the Black Sea），为俄罗斯打开了与拜占庭

---

① 在鞑靼语中，乌拉尔是"腰带"的意思。——原注
② 利维坦：《圣经》中的海上怪兽。——译者注

（Byzantium）①贸易往来的大门，也是影响俄罗斯发展方式的重要因素。相对较近的近代，涅瓦河孕育了那些从西欧长期追求的文明潮流，就是这些潮流奠定了俄罗斯的现代地位，并使俄罗斯加入了欧洲的大家庭。

现今被我们称为俄罗斯的这个广袤的地方，从很久以前开始，就似乎注定会成为一个帝国。因为它的每一个部分都不是独立于其他部分而单独存在的。位于其北方的是一片森林，从莫斯科（Moscow）和诺夫哥罗德（Novgorod）②地区延伸至北极圈；在其最东南端是里海的北边；与亚洲接壤的是一片荒芜的草原，既不适合耕种，也不适合任何文明生活，只适合放养牛羊，以及适合现在视其为家园的亚洲游牧民族生活。

在这两个极端的地区中间，有两个有极具特色的区域，即肥沃的黑土地（Black Lands）和适合耕种的草原带（Steppes）。黑土地在很大程度上被厚厚的黑土覆盖着，那些黑土具有取之不尽的再生力。早在希罗多德（Herodotus）③生活的时期，生长在这片土地上的农作物即使没有肥料，也可以丰收，因为在希罗多德生活的年代，这里已是雅典和东欧的粮仓。

与此平行延展的是可耕种的草原带，它酷似美洲大草原，几乎可以与黑土地媲美。它的土质虽然也不错，但是需要翻新。夏

---

① 拜占庭：土耳其政治、经济、文化、金融、新闻、贸易、交通中心，世界著名的旅游胜地，繁华的国际大都市之一。——译者注
② 诺夫哥罗德：俄罗斯西北部的历史名城，建城于859年。——译者注
③ 希罗多德：古希腊作家，西方文学奠基人，人文主义的杰出代表。——译者注

季来临时，这片土地就会被一片令人惊奇的绿色植被覆盖，仿若几英尺①高的绿色海洋，置身于其中的人和黄牛就像被森林藏起来一样。俄罗斯中心的这两个极端区域，几个世纪以来养育了上百万人，它也让俄罗斯成为世界市场中最大的竞争对手之一。

显而易见，这种由生产上的特殊性创造的交互性，以及经济发展的需要注定会筑造这个完整的帝国。假如没有黑土地和可耕种的草原带的粮仓，或是没有草原上的黄牛，北方的森林将不复存在；假如没有森林的存在，这片土地也不会如此富饶。大自然在冥冥之中自有安排，当这片土地环抱这片东欧的一半面积时，她就在昭示这是一个巨大的帝国；当她给那些单调的高原披上异常肥沃的黑色披风时，她就预言俄罗斯人会成为一个从事农耕的民族；当她创造了如此无与伦比的残酷的自然条件时，也就宣告着，这个劳动民族应该在苦行中变得耐心和顺从，而且当自然与他们对话时，他们的姿态需要放低，他们的语气需要放缓，甚至需要和谐有韵律。

斯基泰人

不知从何时起，亚洲河流开始涌入欧洲并抵达里海北部的干旱草原。但我们知道，早在公元前五世纪，希腊人就在黑海北岸建立起了交易站，在与蜂拥而至此地的各个原始部落进行

---

① 1英尺≈0.31米。——译者注

物物交易的过程中，这些交易站变成了繁荣的聚居地，而这些蜂拥而至的人，被希腊人通称为斯基泰人（Scythians）[1]。

希腊殖民者们无论到何地都会宣扬他们的信仰，讲说他们的荷马（Homer）[2]故事，也会带去他们对美丽事物的热爱以及故土的艺术品。他们在克里米亚半岛（Crimea）[3]海角建立家园，在今天被称为塞瓦斯托波尔（Sebastopol）的地方建立他们的南克里米亚（Chersonesos）城市。自第一次加入战争后，他们便与这些斯基泰人组成了联盟。这些斯基泰人并不将他们视为普通部落，而是将他们视为贸易中间商。随着时间的推移，在博斯普鲁斯（Bosphorus）海峡[4]建立起了一个古希腊–斯基泰城邦。

希罗多德在公元前五世纪写了大量关于这些所谓的斯基泰人的文献，他将其分为两类：第一类是农耕的斯基泰人，大概生活在黑土地区域；第二类是游牧斯基泰人，生活在荒凉的平原地区。好奇者一直研究着他对那些原始部落人群的精彩细致的刻画。这位希腊天才对那些部落的刻画，为我们留下了意料之外的资料，故此，我们才得以了解在俄罗斯这片疆域上最早被发现的人群。

---

① 斯基泰人：又称为西徐亚人或赛西亚人，发源于东欧大草原，是史载最早的游牧民族。——译者注

② 荷马：古希腊盲诗人，著有《荷马史诗》。——译者注

③ 克里米亚半岛：又称克里木半岛，位于欧洲东部。半岛西、南临黑海，东北临亚速海，北以彼列科普地峡与欧亚大陆相连。——译者注

④ 博斯普鲁斯海峡：又称伊斯坦布尔海峡，是沟通黑海和马尔马拉海的一条狭窄水道。——译者注

古代斯拉夫民族的痕迹

在圣彼得堡的一个博物馆内，收藏着两个无价的艺术品，它们是近年来在俄罗斯南部发现的。这两个无价的艺术品是两个金银混色的花瓶，在花瓶上面刻画着图案，比希罗多德描绘得更贴近现实、更有说服力。花瓶上面展现的斯基泰人图案，大约是公元前四世纪描绘的，但是给世人一幅今日俄罗斯农民的形象。他们有着同样的胡须和五官粗壮的长相，而且头上也戴一顶尖帽，尖帽下垂着长长的头发，宽松的外袍系着一根腰带，裤脚扎进靴子里。这典型的外貌特征，有雅利安人（Aryan）①和斯拉夫人（Slavonic）②的影子。

但是，希腊文明带来的短暂光明并没有照到这个国度内部，那里仍是另外一个波涛汹涌的世界。那里混杂着亚洲部落和种族，雅利安人、鞑靼人（Tatar）③和土耳其人的特性或多或少都混在其中，彼此争夺统治权力。

俄罗斯早期斗争的主要原因是决定他们是雅利安民族，还是非雅利安民族——斯拉夫人，还是芬兰人；或者是斯拉夫民

---

① 雅利安人：世界三大古游牧民族（亚非语系游牧民族、阿尔泰语系游牧民族和印欧语系游牧民族）之一，高加索以及中亚的古代部落，使用印欧语系语言。历史上，原是俄罗斯乌拉尔山脉南部草原上的一个古老民族，迁移至中亚的阿姆河和锡尔河之间的平原上定居下来。——译者注
② 斯拉夫人：罗马帝国时期，与日耳曼人、凯尔特人一起被罗马人并称为"欧洲的三大蛮族"，也是现今欧洲人的代表民族之一。——译者注
③ 鞑靼人：分为白色人种鞑靼和黄色人种鞑靼。白色人种鞑靼指的是操突厥语族的民族（如塔塔尔族），黄色人种鞑靼指的是操蒙古语族和通古斯语族的民族。——译者注

族的哪一个分支；后来转变为与亚洲野蛮体制（蒙古族）的生死争斗，以及与残留下来一直影响这个国度的鞑靼和土耳其抗争。

随着时间的推移，竟是斯拉夫分支中最不强大的一支获得了统治俄罗斯的权力，并且成为世界上一个重要大国。本书将在后文，详细地描述这段历史。

2. 斯拉夫民族的宗教和政治体制

匈奴的入侵

上文谈论到雄踞在欧洲东部，几乎占欧洲一半面积的俄罗斯，我们一直都是用现今的称呼，而在那个时间段里，其实还没有俄罗斯这个国家。当世界迎来基督教的时候，俄罗斯也还不存在；当罗马帝国经历兴起和衰落的时候，俄罗斯也没有出现。无论是条顿人（Teuton）[①]的力量注入欧洲，西班牙人、意大利人、法国人以及英国人都在谈论新式的生活形式，还是欧洲的现代史正在形成时，俄罗斯的名字还是没有出现。这片与东方蛮族混杂的广阔无垠的平原，对于欧洲来说还是无政府的

---

① 条顿人：古代日耳曼人中的一个分支，公元前4世纪时大致分布在易北河下游的沿海地带，后来逐步和日耳曼其他部落融合。后世常以条顿人泛指日耳曼人及其后裔，或是直接以此称呼德国人。——译者注

地区，来自亚洲的匈奴人却借道于此侵入了欧洲。

俄罗斯与欧洲其他国家唯一的共同经历就是接下来要介绍的这场大灾难。在曾经古希腊–斯基泰人建立城邦的地方，哥特人（Goths）①建起了自己的帝国。然而，哥特帝国的消亡，也意味着阿提拉（Attila）②征服欧洲的开始。随后，匈奴部落的到来，彻底颠覆了欧洲。当然，更准确地说，是颠覆欧洲其他国家。随着匈奴的步伐，来自东方、芬兰、保加利亚（Bulgarian）③、马扎尔（Magyar）④等地的种族像一股激流般冲入欧洲，占据了被哥特人抛弃的地区。在这片疆域上，匈奴人就像在其他地方一样，完成了对种族的重组这一指派的任务，从根本上改变了未来事件的整个演变过程。如果说没有375年匈奴人的入侵，匈牙利可能就没有马扎尔人，那俄罗斯的历史也会被完全改写。

古罗马帝国在其衰落中分裂成东罗马帝国和西罗马帝国（在四世纪期间），到了五世纪时，西罗马帝国被新兴力量征服，只留下拜占庭一己独辉。

东罗马帝国或者说拜占庭帝国虽缺乏力量，但文化繁荣，注定在历史长河中闪耀千年，并传承基督教文化（虽然在某种

---

① 哥特人：东日耳曼人部落的一支分支部族，从2世纪开始定居在斯基泰、达契亚和潘诺尼亚。——译者注
② 阿提拉：古代欧亚大陆匈奴人的领袖和皇帝，欧洲人称之为"上帝之鞭"。——译者注
③ 保加利亚：欧洲东南部巴尔干半岛东南部的一个国家，与罗马尼亚、塞尔维亚、马其顿、希腊和土耳其接壤，东部濒临黑海。——译者注
④ 马扎尔：匈牙利的民族。——译者注

形式上与罗马教有很大差异）和希腊文化。假如没有东罗马帝国守护已消亡的黑暗年代，没有固守它闪耀的历史馈赠，那么很难想象，我们的文明今天将会变成什么样。

民族的分布

当西方发生这些巨大变化时，俄罗斯疆域内的各个民族就像奔波劳累的昆虫，时刻准备迎接充满未知的未来。保加利亚人占据了俄罗斯南部大片的土地。被保加利亚人从伏尔加河流域带出来的芬兰人，集中在靠近波罗的海（Baltic）①的区域繁衍生息，他们或多或少与亚洲种族混杂在一起，延伸至南北部和东部的每一个地方。被称为俄罗斯父系主干的斯拉夫人，分布在第聂伯河的东西狭长地带。恐怖的土耳其人和令人闻风丧胆的鞑靼部落，主要徘徊在黑海、里海和亚速海（the Sea of Azov）②周边。没有一个人会幻想这里能统一。对于未来的趋势如何，可以进行一番推测——凝聚力更强的芬兰人应该有机会成为占统治地位的民族，或者已经显示出自己有创建帝国能力的保加利亚人也可能会成为统治者。但任何人都不会想到，四周围绕着强大邻国的斯拉夫民族将来会做到这一点。

---

① 波罗的海：世界上盐度最低的海。波罗的海得名于从波兰什切青到的雷维尔的波罗的山脉。——译者注
② 亚速海：俄罗斯和乌克兰南部一个被克里木半岛与黑海隔离的内海，乌克兰独立以后，成为俄乌两国的公海。——译者注

但是在这片疆域，还没有出现雄心勃勃的统治者。对他们来说，欧洲其他地方发生的剧变是没有任何意义的，比如新生的"神圣罗马帝国"（Holy Roman Empire）以及罗马的查理曼（Charlemagne）[1]被加冕为恺撒大帝（Caesars）[2]的继承人（八世纪），或是英格兰刚被合并为一个国家，或是萨拉森人（Saracen）[3]在西班牙推翻了哥特王朝（710年）。对他们来说，这些事件他们并不知道。然而，他们知道君士坦丁堡（Constantinople）[4]，拜占庭帝国在他们眼中就是地平线上升起的太阳，是至高无上的力量和权力象征。无论哪些野心和欲望在那个时代都无法及时地唤醒恺撒在东方的辉煌统治。但是，他们需要等待，等待未来。

斯拉夫民族的宗教信仰

斯拉夫人从父系主干分裂出很多分支，被赋予不同的称

---

[1] 查理曼：即查尔斯大帝，德意志神圣罗马帝国的奠基人。——译者注

[2] 恺撒大帝：全名为盖乌斯·尤利乌斯·恺撒。罗马共和国末期杰出的军事统帅、政治家。——译者注

[3] 萨拉森人：又称撒拉森人，系指从今天的叙利亚到沙特阿拉伯之间的阿拉伯游牧民。广义上指中古时代所有的阿拉伯人，也可以说萨拉森人就是阿拉伯人；狭义上只用来指中世纪时期地中海的阿拉伯人海盗。——译者注

[4] 君士坦丁堡：一般指伊斯坦布尔（土耳其城市）。公元前658年，始建在金角湾与马尔马拉海之间的地岬上，称拜占庭。公元330年，君士坦丁迁都于此，后以其名字命名为君士坦丁堡。——译者注

呼——维斯瓦河（Vistula）[1]上的波西米亚人，波兰人的祖先波利安人（Bolian），波罗的海附近的立陶宛人（Lithuanians），以及从伯罗奔尼撒半岛（Peloponnesus）[2]到波罗的海各处分布的小部落。他们虽分布各处，但具备同样的性格特征。他们的信仰像所有雅利安人一样，是建立在自然现象上的泛神论[3]。在他们的万神殿里，有希腊神话中的阿波罗太阳神——沃洛斯（Volos），是诗人的代表和保护神；有雷神佩伦（Perun）；风神斯特利伯格（Stribog），如同希腊神话的埃俄罗斯（Aeolus）；能变换成各种形态的海神；马人（Centaurs）[4]、吸血鬼以及各种各样的小神和掌管善恶的神。在他们的领地里没有寺庙和牧师，他们将橡树视为雷神佩伦的神圣化身，他们还会将木制的粗糙木偶放在山上，借以祭祀和赞颂。

他们相信死后会进入另一个世界，因此，在斯基泰人时期，就有一个传统：将一名男仆和一名女仆陪葬，以便陪着死者到另一个天地。虽然他们的宗教习俗的野蛮性在不同的部落中不一样，但是大体上都是差不多的。无论分布在哪里的部族，都深深被这种异教徒的仪式影响，甚至可以说他们的思想被一种强烈的迷信主导着。

---

① 维斯瓦河：波兰、中欧和波罗的海水系第一大河流。又称维斯图拉河。——译者注
② 伯罗奔尼撒半岛：位于希腊南部。——译者注
③ 泛神论：指把神和整个宇宙或自然视为同一的哲学理论。——译者注
④ 马人：（古希腊神话中）半人半马的怪物。——译者注

原始的政治观念

过去的斯拉夫人社会体制是父系社会。在那个社会里，父亲在一个家庭中有绝对权威，当他死去后，他的绝对地位将毫无保留地传给家中最年长的成员。这样的家庭体制就是他们社会的基本组成单位。

上述的家庭体制是公社或是米尔（Mir）的缩影，服从于长老协商会，而长老协商会又是由少数几个家族中的长者担当，被称为维切（vetché）。村庄的土地由该协会共同管理，共同享有。切干草和捕鱼都需要获得维切的批准。所有收益就像公司的红利一样分配给所有人。

相隔最近的几个公社共同组成一个更大的组织——州，这是一个行政区或教区，由公社中较年长者组成团体进行管理，并且由这个团体中的某一个人出任最高管理者。除此之外，斯拉夫人并没有延伸出合并和统一的想法。这种早期的社会组成形式，在所有斯拉夫人的分支中都是普遍存在的。相对个体来说，这种社会体制彰显着共产主义和人人平等的思想。部落统一的概念还没有出现，也没有需要征服所有部族的君权思想。倘若斯拉夫人曾经有过君主集权制的想法，那么肯定是某些外来者把这种思想强加给他们的。因为这种思想从他们出生开始就从未自主产生过，这是由他们民族原有的性格决定的。但是，如果外来思想被强加给他们的话，那他们也不会排斥，因为他们无法改变自己的被动性格。

3. 留里克（Rurik）^①及其继承者

俄罗斯的斯堪的纳维亚人

俄罗斯的斯拉夫人是一个农耕民族，不好战争。他们赤裸上身，十分勇猛，但没有任何军事组织，既与善战的土耳其人不同，也与全副武装的斯堪的纳维亚（Scandinavian）^②商人不同，斯堪的纳维亚商人在其国土上建造了一条高速路，通往希腊首都。所有的斯拉夫人想要的仅仅是能被允许收割自己的庄稼，平平静静地生活，但是这些愿望都不能实现，原因如下：斯拉夫人需要给哈扎尔人^③进献贡品，在其南部会遭到土耳其

---

① 留里克：建立留里克王朝。留里克王朝是统治东斯拉夫人的古罗斯国家的第一个王朝。——译者注
② 斯堪的纳维亚：地理上指斯堪的纳维亚半岛，包括挪威和瑞典，文化与政治上则包含丹麦、芬兰、冰岛和法罗群岛等北欧国家。——译者注
③ 哈扎尔人：一个混有芬兰人和土耳其人血统的强大部落。——译者注

人的侵扰，在北部受到芬兰人和立陶宛人的侵扰，加之斯拉夫人在政治方面的原因，他们的民族被分裂成了很多小部落，而且这些小部落之间又不断产生摩擦，对于斯拉夫人来说，没有他们期待的和平存在。斯堪的纳维亚的商队和海盗，有时保护斯拉夫人，有时又迫害他们——以各种理由烧毁斯拉夫人的村庄后，又赞美他们的黄牛和粮仓；斯堪的纳维亚人会保护基辅（Kief）、诺夫哥罗德和皮斯克夫（Pskof），他们也会选择保护君士坦丁堡和希腊城市，他们随心所欲，自由决定服务于谁。这群杰出的入侵者就是所谓的北方人（Northmen）[1]，毫无疑问，他们与长时间威胁和笼罩在西欧上空的那些流浪的海盗一样臭名昭著。

随着时间的推移，在诺夫哥罗德的斯拉夫人做了一个里程碑似的决定。他们邀请了所谓的瓦兰吉卫队（Varangians）[2]来管理他们的政府。斯拉夫人曾说："我们的土地肥沃，但是缺乏秩序和公正。来吧，加入我们，管理我们。"随后，瑞士的三个维京人来了——留里克和他的两个兄弟西尼斯（Sineus）和特鲁沃（Truvor），从此俄罗斯帝国开始登上历史舞台。千年后的1862年，人们仍在纪念这一事件。

---

[1] 北方人：另说北欧人。指斯堪的纳维亚岛上的居民，特别是挪威人。——译者注

[2] 瓦兰吉卫队：北欧卫队，是一支拜占庭帝国的皇家近卫重装步兵部队，主要由迁入南俄草原的北欧诸民族组成。——译者注

留里克

留里克是罗斯国的特洛维斯（Clovis）。当他带领着追随者们在诺夫哥德罗立足时，罗斯国也开始在历史中出现。据推测，"罗斯"这一词来自芬兰语"罗兹"（ruotsi），意思是"桨手"或"海上旅行者"。斯拉夫人在这个时期不仅是接受了洗礼，更像是重生了一般，军事纪律和准则注入了他们的思想里，养成了对被推选出来的或继承的头领俯首称臣的习惯。当留里克的两个兄弟相继逝去，他们的领土就被留里克接管，随后他建立起了留里克王朝。

奥列格

879年，留里克去世，其弟奥列格（Oleg）在留里克的儿子伊戈尔（Igor）成年之前，担任摄政王。留里克的另外两位瓦良格兄弟——阿斯科尔德（Askold）和迪尔（Dir），不请自来，占领了位于第聂伯河的基辅，在南面建立起自己的公国，并且野心勃勃，企图占领拜占庭帝国。奥列格迅速派人刺杀了他们，将他们占领的领土合并，交由伊戈尔管理，并且把王朝的都府从诺夫哥德罗搬到了基辅——他宣告："基辅是罗斯诸城之母。"奥列格后来为年轻的伊戈尔挑选了一位王妃——奥尔加（Olga）。之后，奥列格打起了拜占庭的主意。拜占庭就像一块磁力很大的磁石，俄罗斯几个世纪的政治事件都将围绕它展开。

　　奥列格是一个所向披靡又很睿智的人，人们认为他就像一个巫师。907年，希腊统治者封锁了博斯普鲁斯海峡的通道，于是奥列格将他整整两千艘船都装上了轮子，让水手拖着经由陆路抵达君士坦丁堡。俄罗斯诗人普希金（Pushkin）写了一首关于这件事的诗，诗中描写了奥列格迫使惊恐万分的利奥六世（Leo VI）[1]上贡，并且在离开之际，奥列格把他的盾牌挂在金色大门上，以示嘲讽，表现出了真正的挪威人的气派。

伊戈尔

　　希腊人多次遭受瓦兰吉人的侵扰，在军事防备上花费巨大。奥列格死后，伊戈尔继承王位。941年，伊戈尔发动了对君士坦丁堡的又一次远征，但是希腊人以我们后来所知的"希腊之火"抵挡住了这次侵扰。后来，愤怒的伊戈尔向鞑靼部落之一的佩切涅格人（Pechenegs）[2]求助，想踏平希腊，希腊统治者对此诚惶诚恐，表示愿意付出一切代价，只祈求伊戈尔放过他们。入侵者得意扬扬地说："就像恺撒说的，我们更想要的，是不费一兵一卒就得到金银绸缎。"于是，他们签订了一项和平协议（945年），罗斯人以他们的佩伦神发誓，希腊人以

---

① 利奥六世：拜占庭皇帝，曾被称为"智者"。
② 佩切涅格人：中亚大草原上操着突厥语族佩切涅格语的半游牧民族。——译者注

《福音》（*Gospels*）^①起誓。得到胜利后的伊戈尔后来再也没到过那里。

奥尔加

鞑靼人中最野蛮的德列夫利安人（Drevlians）^②，被迫向伊戈尔进贡大量物品，因此他们一直伺机报复伊戈尔。德列夫利安人曾这样打比方："如果不杀死狼，那我们将失去羊。"终于有一天机会来了，他们抓住了伊戈尔，把他绑在两棵被拉弯的小树上，当两棵小树弹回去的时候，伊戈尔被分裂成几个部分，留里克的儿子就这样死了。

睿智的摄政王奥列格做的最有成果的一件事，就是为年轻的伊格尔挑选的妻子——奥尔加。虽然她不是俄罗斯历史上的女性统治者，但她在儿子年幼时不仅代理摄政，还是在那个异教徒国土上第一个基督教的传教士，她被教会宣告为教徒，也被称为"俄罗斯第一个进入天国的人"。

伊戈尔死后，德列夫利安人为了平息奥尔加的愤怒，打算让他们的王子迎娶她，但是奥尔加把送信的使者给活埋了。她要求的仅是都城每一户给三只鸽子和三只麻雀。然后，她命人在这些鸟的尾巴上绑上了短麻屑，点燃后放飞。这些鸽子和麻

---

① 《福音》：《圣经》中关于耶稣生平和教诲的四福音书之一。——译者注
② 德列夫利安人：一个6—10世纪生活在波里西亚和右岸乌克兰的东斯拉夫人部落。——译者注

雀纷纷飞回德列夫利安人的茅草屋上，随后燃起大火。城中的居民被大肆屠杀，有的窒息而亡，有的被淹死，有的被活埋，而那些活下来的人成了奴隶。

奥尔加的基督教信仰

有报复心的、愤怒的奥尔加在不久后即将迎来非凡的改变，她竟然虔诚地皈依了基督教。被称为"俄罗斯的希罗多德"的内斯特（Nestor）曾描述，955年，奥尔加到君士坦丁堡探索基督教堂里神秘的东西。据说，奥尔加的思想和机敏让当时的君主大吃一惊。之后奥尔加取名海伦（Helen），并接受了罗马教廷的洗礼，罗马君主成为她的教父。

虽然当时的基辅已经有一些基督教徒了，但是这个新教不怎么受欢迎，奥尔加的儿子斯维亚托斯拉夫（Sviatoslav）成年后，表示坚决不接受他母亲的信仰，这个信仰会使他受到世人的嘲笑。斯维亚托斯拉夫面对他母亲的恳求，说："如果信基督，那我的臣民会嘲笑我。"内斯特记载道："斯维亚托斯拉夫经常对奥尔加大发雷霆。"

作为伊戈尔和奥尔加的儿子，斯维亚托斯拉夫虽然是拥有俄罗斯特征名字的王子，但他的性格是典型的"北方人"——狡猾、野心勃勃、无所畏惧，他在位期间（945—972年）把这些特性表现得淋漓尽致。斯维亚托斯拉夫打败了东方最文明也是最强大的种族哈扎尔人，同时还征服了所有蛮族里最凶残、最不文明的族群佩切涅格人。但这些胜利都不是他真正想要的。

在保加利亚战场上，俄罗斯成为与
希腊帝国战争中的胜利者

过去，保加利亚王国非常强大，在当时的地位也非常高。保加利亚人拥有自己的沙皇，而俄罗斯只有大公。虽然它已经衰落了，但仍是令希腊王国头疼不已的邻国。不得不说请求另一个族群的帮助，这是希腊人常犯的错误。帮助希腊攻打保加利亚使斯维亚托斯拉夫欣喜不已。当斯维亚托斯拉夫攻陷保加利亚位于多瑙河（Danube）①的都城时，他甚至宣告了要将他的都城从基辅搬到这里来，似乎一个伟大的斯拉夫帝国就要建立，它的中心与君士坦丁堡近在咫尺了。这一切令希腊人惊慌不已。希腊现在是危机重重，俄罗斯人已经入侵到他们的统治中心——位于多瑙河的巴尔干半岛（Balkan Peninsula），斯基泰人部落在南部僵持着，散布的斯拉夫人群落正从马其顿（Macedon）②向伯罗奔尼撒半岛聚拢，希腊人此时该怎么办呢？所幸希腊王国的东面一直没有出现能威胁它的邻国。但希腊还是嗅到了危机，于是派兵营救保加利亚，打倒他们主动邀

---

① 多瑙河：欧洲第二长河。——译者注
② 马其顿：古代巴尔干半岛中部的一个奴隶制国家。——译者注

请进来的敌人斯维亚托斯拉夫。一场激战后，即使斯维亚托斯拉夫再怎么有斯拉夫人的勇猛也无济于事，他被打败了，还被逼向以佩伦和沃洛斯神起誓，保证再也不会进犯保加利亚，假如违背此誓言，斯拉夫人将"被炼成金，自相残杀"。这次战争是斯拉夫人最后一次入侵他国。在归途中，斯维亚托斯拉夫遭遇了前来报复的佩切涅格人的埋伏。他们砍下了斯维亚托斯拉夫的头，将其头盖骨做成酒具，给他们的王子当酒杯（972年）。

值得注意的是，在俄罗斯历史上早期的国力转变竟不是本土人民，而是在挪威人统治下的斯拉夫人改变的。俄罗斯在斯拉夫人的治理下，就像泥土在制陶工人的手中一样，使得腐朽化为神奇。在由伊戈尔大公促成的基辅和平条约中，内斯特记载的五十个名字中，只有三个是斯拉夫人的名字，剩余的都是斯堪的纳维亚人。所以，在俄罗斯这段历史中，哪一个种族是统治阶层，这个答案是毫无疑问的。

至此，我们了解到一个较弱的民族被另一个较强的民族统治，是因为意识到了自己的毫无希望，自愿沦为强国的附庸。当然，历史上还有很多其他的妥协形式，比如西班牙被西哥特人（Visigoths）①征服，英国被安格鲁人和撒克逊人踏平，高卢

---

① 西哥特人：东日耳曼人的一支，属于哥特人。——译者注

（Gaul）人①被法兰克人（Franks）②重击。

英雄时代挪威人的主导地位

同时，我们也可以发现，这个杰出的、不知疲惫的挪威民族，已经不再计划建立一个由其统治的地区了，这个民族只是暂时享受着他们自己的好战和强盗的天性，尽情地欺凌比他们更弱的民族，迫使其接受他们的语言和习俗，逐渐同化成他们希望被接纳的民族，随着时间的推移，变成一个俄罗斯民族。在这个时代里，还有一些人做着类似的事情，罗洛（Rollo）③和他的子孙们正逐渐成为法国人。

---

① 高卢人：曾经广泛分布于欧洲，现今指法国、比利时等，有时也指曾一度扩张至安那托利亚中部的使用高卢语（凯尔特语族的一个分支）的那些人。——译者注
② 法兰克人：5世纪时入侵西罗马帝国的日耳曼民族的一支。——译者注
③ 罗洛：北欧海盗首领，维京海盗的传奇英雄之一，诺曼底公国的奠基者。——译者注

4. 俄罗斯的转变

属国继承制

在斯堪的纳维亚人的强行推动下，四处分散的斯拉夫人部落聚集在一起，组成所谓的国家。大自然比人类更懂得适度缓慢的发展能够阻止野蛮元素过快融合的价值。在俄罗斯，斯维亚托斯拉夫承担了使其发展延缓下来的任务。那时候，他并没有把其领地直接给他的长子，而是把它分为三份，而这种制度是一个有缺陷的继承系统，被称为附属国继承制，该系统成为造成这个王国消亡的致命因素。斯维亚托斯拉夫将基辅给了他的儿子亚罗波尔克（Yaropolk），将居住德列夫利安人的领域给了奥列格（Oleg），最后把诺夫哥罗德给了弗拉基米尔（Vladimir）。后来，亚罗波尔克暗杀了奥列格，而亚罗波尔克又被弗拉基米尔杀死了。但是这个继承体制的有害性，还没有直观地体现出来。

弗拉基米尔

弗拉基米尔成了唯一的统治者。之后，他便开始恣意妄为，荒淫无道。他强迫被他谋杀的兄弟的妻子嫁给他，还强娶了一位被捕于拜占庭的漂亮希腊尼姑，随后又霸占了一位保加利亚人的妻子和一位吉卜赛人（Bohemiangypsies）①的妻子，直至他的后宫人数达几百人。但是身体上的欢愉逐渐转移到灵魂的空虚。弗拉基米尔陷入了苦恼，于是他又复苏了对斯拉夫神灵的赞颂，并且在靠近基辅的悬崖上修建了一个新的佩伦神像，以银打造神像的头，以金打造神像的胡须。他还命人在神像的脚部，把两名斯堪的纳维亚的基督教徒刺伤。然而，他的灵魂还是无法得到满足。他决定寻找更好的宗教，派遣大臣去探求穆斯林、犹太人、天主教徒以及希腊人的宗教信仰。希腊人仪式的庄严，法衣、香火、音乐的成就，以及其王国和宫廷的呈现，给这些野蛮的灵魂注入了敬畏。最后，弗拉基米尔以其尊贵的前人之事为论据，毫无疑问地接受了希腊人的宗教信仰，他说服自己说："假如希腊人的宗教不是最好的，那么我的祖母奥尔加，人类中最智慧的人，就不会选择接受它。"

---

① 吉卜赛人：吉卜赛人是对罗姆人的一种诬称，而大多数罗姆人则认为"吉普赛人"有歧视意义，所以并不使用，实际他们更乐意称呼自己为罗姆，因为其含义是"人"。

俄罗斯强行基督教化

弗拉基米尔下定决心，将接受奥尔加所信仰的基督教的洗礼。但是给他洗礼的人，必须是希腊族长。他并不想以祈求得到洗礼，因此他要发起征战，洗礼应该作为他的战利品一样。所以他围攻了一个希腊城市。他要求迎娶希腊恺撒的姐姐安娜为妻，假如拒绝了弗拉基米尔的要求，就会进攻君士坦丁堡。假如满足弗拉基米尔的要求，就得给他进行洗礼。所以，当他回到基辅时，他不仅成了一个基督教徒，有了一个新的洗礼名字——罗勒（Basil），还娶了安娜。

无论人们怎么恳求，怎么抗争，那些他们崇敬的神像还是被摧毁了，佩伦神像被鞭笞丢入第聂伯河。接着，曾经的异教徒思潮被神圣化。男女老少、主人和奴隶都被丢入河中，希腊的教父们站在岸边，宣读洗礼的仪式。吓坏了的诺夫哥罗德人被强压着，悲愤地将佩伦神像丢入沃尔霍夫（Volkhof）。然后，他们就像被放养的黄牛一样，被扔进河水中，接受洗礼。奥尔加的事业完成了——俄罗斯已经被基督化了（992年）。

希腊基督教和拉丁基督教之间的对立

但是，基督教真正蔓延到这个民族的中心，还是经历了很长一段时间。直到十二世纪，也只有处于较高社会阶层的人才会忠诚地遵守基督教的礼仪，而农民阶层的人普遍遵守的是异教徒的礼仪。即使现今，一些地方的人们仍在执行异教徒的教法、仪式和迷信，同时混杂着遵守一下基督教的仪式。

弗拉基米尔似乎是彻头彻尾地转变了。他从曾经沉迷于酒色和暗杀的统治者，变成了一个充满同情心的统治者，改变后的他，都不忍心下令执行死刑。他忠诚于自己的妻子安娜。在他修建佩伦神像的地方，曾经因他的命令，有两个斯堪的纳维亚人牺牲了，因此他在那里修建了圣罗勒大教堂（St. Basil）。现在弗拉基米尔以俄罗斯基督化的圣人身份被人们记住，而且还被尊称为"基辅美丽的太阳"（Beautiful Sun of Kief）。

俄罗斯顺应了希腊基督教

所以至此，俄罗斯发生了历史中最重要的两件事件：第一，从北方开始的军事征服；第二，从南方开始的宗教征服。如果说，第一次征服使俄罗斯变成了一个统一的国家，那么第二次征服则应该呈现出国家特性是什么样的。

为了去解释某一个事实而引用另外一个不熟悉的、未被理解的事实，是令人迷惑的历史解释方式。为了明白为何采用希腊教会的宗教形式对俄罗斯的发展会有如此大的影响力，就必须得了解它的信仰是什么，它的对立面又是什么。事实上，基督教信仰可以分为两大分支：希腊基督教和拉丁基督教。

基督教分化的背后，不同种族是最大的原因，这一点从名字上就可以看出来。分支之一的理论来源是希腊哲学体系；另外一个理论来源是罗马法典。一个趋于多样性，另一个偏向集中统一。一个既是由一群人多头统治的教会国家，也是由族长统治的继承制国家，每一个族长只管理自己的教区，而另一个是君主统治，自上而下的国家。这种不同就好比古希腊和古罗马的地理形态，一个是由很多岛屿组成的，另一个是内陆。一个拥有伟大的原则——成长、稳定和永恒，而另一个则没有。

希腊与拉丁教廷对立的原因

就是这些民族的不同性，使两者的教会系统完全不一样，也就造成了教条的差异。罗马帝国认为在东方的教会是正统教会，拜占庭帝国则认为在西方的是异教。他们不仅否认对方的方式，更糟糕的是，他们的信条不一样。在拉丁基督教的主教成为拥有绝对力量的教皇后，他宣布东方的教会必须以他的教条为准测。

造成基督教世界最终被分为两个部分的原因是一个小小的词，而这个词就是"和子说"（filioque）①，也就因为这个词使两个教派之间产生了难以跨越的鸿沟。拉丁基督教认为，圣灵（Holy Spirit）②是圣父和圣子的组合，但希腊基督教认为它只来自圣父。关于"三位一体"的三位成员的关系和态度，

① 和子说：基督教中的争议点，即正文提到的，圣子来自谁。——译者注
② 圣灵：在基督教中，指三位一体的上帝的第三位格。——译者注

过去是争论不休的话题，也就是因为关于该问题的不可解决，导致希腊和罗马基督教相似地被分成许多宗派，以及以信仰上帝为主导和以不信仰上帝为主导的分支。因为这场基督教的争论，在这两大基督教世界的分支中，血流成河。

涉及的理论分歧，从普通意义来说，也是很轻微的原因。虽然双方的人都做好了准备，为他们根本不理解的宗教信仰随时赴死，但其实在整个浅显的问题下面隐含的是，对于彼此政治的忌妒。拜占庭帝国因其北部的军事管辖权的削弱而痛苦不已，此时罗马教皇的自命不凡更是让拜占庭暴怒，而罗马帝国伺机哄骗或强迫这个东方教会服从它的权威和统治。

就是在这样的背景下，当时的俄罗斯与东罗马帝国联盟了。踏出这一步的重要性是无法衡量的，假设弗拉基米尔当初决定接受的宗教变成了罗马教，假如他成为一个天主教教徒，那么难以想象俄罗斯的历史将会发生什么样的巨变，而且当时波兰的斯拉夫人信奉的就是天主教。弗拉基米尔的选择，使希腊这个国家又存活了几个世纪，也决定了俄罗斯文明化的方向。不过，当俄罗斯决定与拜占庭结盟，而不是罗马时，它就与那些欧洲主流分道扬镳了，虽然在天然的地理条件上，它早已与它们格格不入了。在后来很长一段时间，它强化了东方主义，使得东方主义在很大程度上决定了它的命运，使它在欧洲众国中独树一帜。在俄罗斯的民族性中，只有一个根源是可以与罗马帝国挂钩的。虽然欧洲文明的大多数都是在罗马帝国的基础上创造的，但是对于今天的俄罗斯来说，唯一可以追溯的是从拉丁文化中流传下来的以拜占庭君主查士丁尼（Justinian）（527—565年）创立的罗马法典为基准（部分）所形成的司法体系。

5. 向北扩张的公国

公国

1015年，弗拉基米尔死后，其领地被他众多的继承者们分割，从此迈上了附属国继承制之路。这个国家被分为很多公国，由具有相同血缘关系的王子们统治，其中，基辅公国是最主要的公国，它的统治者称为大公（Grand Prince）。基辅是"诸城之母"，统治它的王子是留里克的后代中最年长的那位，这位最年长的王子相对于其他王子，有公认的至高无上的权力，但无论怎样，这位王子也是这条皇家线上的一点。如果某位王子不是留里克的后代，那么他就不能统治任何地方。基辅作为最好的奖赏被传给了最年长的那位王子；当大公死后，他的儿子并不是他的顺位继承人，而是他的叔叔、兄弟、侄子或是所有王子中年长的那位，无论和大公是什么关系。这样的方式，残留着斯拉夫人的长者继承制度，正如前面所述的，这也反映出北欧统治者对他们本土习俗的影响之深。

留里克家族的首领

随着这片疆域的分裂，一个个小国开始相互竞争，彼此敌对，除了基辅名义上是唯一的领导中心外，他们的发展越来越趋于混乱。但是，他们有一些统一是没法切断的，比如语言和种族的统一；历史发展的统一；宗教和政治制度的统一；所有的王位继承者都是来自同样的家庭，他们中的人无论是顺其自然还是因为其他方式都可以成为大公。当然，在这条通往权力的路上充满了杀戮，这是不容忽视的。

弗拉基米尔死后，一场兄弟间互相残杀的盛宴就开始了，直到雅罗斯拉夫（Yaroslaf）出现，这场杀戮才结束。雅罗斯拉夫在管理基辅的同时，被任命统治诺夫哥罗德公国。

大公与他人的关系

"罗斯诸城之母"开始展现希腊对其产生的影响。除了东方的基督教以外，希腊牧师还带了别的东西到这片野蛮人的国土。他们带来了想要更好的生活的欲望，开始奖励学习的人，开始修建学校，以及迄今为止绝对没有人知晓的音乐和建筑都被一一介绍。基辅开始变得繁华，四百座教堂分布在各处，被太阳照耀的镀金圆顶似乎宣告着这个国家要尽可能与君士坦丁堡看齐。拜占庭文学中稀有的书籍，还有介绍哲学、科学的作品，甚至还包括浪漫主义作品，这些都被翻译成斯拉夫语。斯拉夫人再也不是那个思想单一、恣意妄为、未经教化的野蛮民族了，它的第一堂课就是社会文明化。斯拉夫人开始变得聪明，学会新的技艺，但是，他们统治的地方也变成系统化、司法化的残暴之地了。

希腊文明的影响

雅罗斯拉夫根据拜占庭的法典，创立了一套刑法法典，但是对于一向野蛮的斯拉夫人来说，没有比这种方式更让人作呕，或更让人觉得奇怪的了。斯拉夫人是不了解刑罚的，他们天生厌恶这种东西。用刑鞭抽打这片土地，似乎是一种怪异的谣言。但是，这确确实实存在。来自君士坦丁堡的监禁、罚工、鞭笞、酷刑、断肢，甚至还有死刑等，都一一传入了这片土地。

同时，这样的刑罚还混杂着来自斯堪的纳维亚的另一股潮流，那是另一种拥护私人报复的司法法典——满足将死者所有亲戚谋杀的需求，需要承受烫红的烙铁和滚烫开水的考验。然而，对于本土斯拉夫民族来说，直到来自远方的更强、更聪明的人到来时，它们才了解到被改进的刑罚的残忍，以及人性的残酷。

当我们谈论俄罗斯人披上了文明的长袍时，没有人相信我们所指的是某些特定的人群。这些特定的人群是王公们，以及他们的军队和受教育的家庭，也就是说所谓的官方正在给俄罗斯人披上长袍。但是，普普通通的人民仍在纺丝做衣、种地收割，分享着土地的果实，他们就像田间的黄牛一样，没有意识到正在发生的革新，随时准备着被他们还不了解的力量拉到任何地方，他们朝不保夕，只是局限于满足生存的那一点需求。

在那时，构成俄罗斯社会的要素，在所有的公国都是一样的。最大的是公国王公，其次是他的皇家卫队，被称为德鲁吉纳（Drujina），由一群武士组成。德鲁吉纳是未来国家的主干，它的成员都是王公的忠诚奴仆、护卫和辅臣，王公可以将他们分配到司法法庭，或是指派他们管理城堡（posadniki）以及到大的城镇任职。王公和他的皇家卫队就像一个军人家庭，被一根绳子紧紧地绑在一起。这样的体系有三个等级：第一级是普通的护卫；第二级相当于法国男爵；第三级是最显贵的波雅尔（Boyars），仅次于王公。因此，德鲁吉纳就是俄罗斯贵族阶级的主干，其次是最有权有势的群体，然后是公民和商人，农民，最底层的是所有的奴隶。

1054年，雅罗斯拉夫这个被称为俄罗斯查理曼大帝（Charlemagne）①的"立法者"逝世。此时，长期在思想上有隔阂的东罗马帝国和西罗马帝国，在罗马教皇利奥六世下令驱

---

① 查理曼大帝：法兰克王国的国王。——译者注

逐所有在东部的教会的那一年，实质上就已经分裂了。

英雄时代结束

随着雅罗斯拉夫的逝世，俄罗斯的第一个英雄时期结束了。长篇故事和传奇诗歌为我们把那个时期冷峻的轮廓和英雄们记录了下来。其中，被称为"基辅美丽的太阳"的弗拉基米尔是最重要的英雄。因此，在那个时间段，俄罗斯的历史上有一段统一的时期，但随后就陷入混乱时期了。有谁能够清楚地阐述两个世纪间发生的八十三次内战和十八个外族对这片土地的征战，更不用说那四十六次野蛮的入侵行为，以及先后两百九十三个王公为了基辅和其他公国的继承争论不休了！我们重申一次：谁能讲述这些混乱的故事呢？即使这些故事被记录下来了，谁又会去读呢？

这是一段充满剧变和动荡的历史，其永恒的目的却是显而易见的——也就是因其过大，以至于在那时难以被读完。生命之河滋养着君士坦丁堡的文明中心，也滋养着第聂伯河沿岸的黑土地。俄罗斯每一处都被赋予生命力，无论是寒冷的北方还是南方，无论是森林地区还是可耕种的草原。用于完成这项伟大工程的工具，是基于最高统治者的逝世，领地的重组带来的一系列混乱，野心勃勃的王公们的激烈追逐，以及在无政府状态下野蛮的对南部地区的入侵和讨伐。

到十二世纪，内战演变成了以森林区为领土的新俄罗斯与以可耕种草原为领土的旧俄罗斯之间的斗争。造成北方崛起的原因是其领袖安德鲁·博格洛布斯基（Andrew Bogoliubski）强大的领导力。安德鲁是莫诺马赫（Monomakh）[①]的孙子，也是乔治（或称尤里）·多尔戈鲁基（George Dolgoruki）的儿子，这两位都是拥有超凡能力和管理品质的人。1169年，安德鲁成为苏兹达尔（Suzdal）[②]王公，他带领大量的军队，进攻基辅。这座"罗斯诸城之母"被袭击、洗劫和掠夺，大公国不复存在。俄罗斯的历史已经准备好围绕位于东北的新中心展开了。苏兹达尔作为新的大公国，与拜占庭和西方文明的城市大相径庭。这看起来更像是退步回到野蛮主义时期了，但事实上，它的社会文明正在迂回前进。这个国家的生活需要从它的每一个端点开始描绘。雄心勃勃的安德鲁拥有大公的头衔和权力，也为俄罗斯的未来勾勒了一条注定走向沙皇统治的路线。

---

① 莫诺马赫：即弗拉基米尔·莫诺马赫。基辅大公斯维亚托斯拉夫之子。——译者注
② 苏兹达尔：现在位于俄罗斯联邦西部弗拉基米尔州。——译者注

6. 德国和蒙古的入侵

诺夫哥罗德共和国

诺夫哥罗德公国从很早之前就是俄罗斯北部的政治中心，就像基辅是南部的政治中心。诺夫哥罗德人邀请了挪威王公们来统治这个公国，但是最不顺从的公民也正是诺夫哥罗德人。当大公想指派他的儿子为诺夫哥罗德人的王公时，他们并不想要这个王公，他们拒绝道："如果他有两个脑袋的话，那就派他来吧。"这个民族无所畏惧、骄傲，在某种程度上，就像佛罗伦萨（Florence）①人一样爱国又好斗。诺夫哥罗德的王公只是一个傀儡，虽然他被视作这个公国高贵的必要人物，但是他的命运掌握在两个政治团体手中，而他仅仅代表着某一个权

① 佛罗伦萨：意大利中部的一个城市。——译者注

势稍强的团体。诺夫哥罗德是一个商业城市，它的生存来源是与东方和希腊帝国的贸易往来，就像意大利城市一样，它的政治政策受经济利益的影响。通过伏尔加河与东方进行贸易交往的那些人，需要有一个来自东南部具有东方血统且有权势的王公，而能满足那些人需求的，恰好是能给那些人提供财富的希腊人所偏爱的，也就是来自基辅或是位于第聂伯河流域的公国的王公。当某一个团体衰落了，代表它的王公也就下台了，这就像一套标准化的行事准则。随后，诺夫哥罗德人"给他一定的尊敬，告诉他该怎么离开诺夫哥罗德"，或者把他扣押，一直到下一个继承他位置的人到任。

王公可能来来去去，但诺夫哥罗德不受拘束的自由是"永恒延续"的。王公在任时间很短，其统治都不足以扰乱他们自古以来的自由和习俗。没有一个大公能一直有强大的力量，强迫他们接受不愿意接受的王公，也没有一个王公有足够大的力量反对公民的意愿。王公的每一个行为都受到波萨德尼克（posadnik）的监督——这是诺夫哥罗德的高级管理部门，王公的每一个决定也必须服从维切的约束。维切是当时流行的管理机构，是真正统治骄傲的民众的最高统治部门，自我定义为"诺夫哥罗德大帝"。诺夫哥罗德是一个非凡的公国，在俄罗斯历史上扮演着重要的角色，是俄罗斯历史中最独特的风景。

新的苏兹达尔大公上任之初，为了阻止这个自负的北方公国有想要反抗的念头，对其进行了征服，并摧毁了其信仰。这个新的大公要毅然决然地与过去彻底割裂，也要坚决摧毁世袭制，还要思考出一个保证国家不分裂的现代性想法。新大公将都城从苏兹达尔的旧城镇搬到了弗拉基米尔，因为在旧城镇中，有它的维切或主流统治团体；但是在弗拉基米尔，这些都不存在。新大公这么做的原因，不是他想当唯一的统治者，或是不想受到所有旧派的约束，而是圣母玛利亚托梦给他，要求他这么做！但归根究底，是他所有的梦想和野心，促使他这么做的。这位新大公的波雅尔们对其颠覆性的政策和胆大包天的改革感到愤怒，他们于1174年暗杀了大公。

德国入侵波罗的海诸省

俄罗斯国民生活中心的北移，唤醒了欧洲一股潜在的不可名状的危险意识。距离诺夫哥罗德不远处的波罗的海的海岸上或靠近海岸的地方，分散着许多斯拉夫部落的分支，其中还混杂着异教徒的芬兰人。俄罗斯和欧洲之间唯一一块接壤但没有天然阻碍的区域，是必须要保障的。德国商人与拉丁传教士们一起入侵了不少有争议的国家。他们以基督教为遮掩，发动了一场征服战。一个拉丁教堂也变成了一个堡垒，然后这样的堡垒迅速在德国城镇扩大，且向东部逐渐发展。为了打压芬兰人和斯拉夫人，他们组成了一个骑士团，称为"持剑者"（Sword-Bearers），教皇赋予骑士权力，并委派他们双重任务：第一，阻止斯拉夫人威胁德国的潮流；第二，将他们基督教化。来自萨克森（Saxony）和威斯特伐利亚（Westphalia）[①]的"利沃尼亚骑士团"（Livonian Knights），身穿白色披风，肩膀处被红色十字包裹。1225年，"条顿骑士团"（Teutonic Order）成立，他们的肩膀处带有黑色十字。"条顿骑士团"与"利沃尼亚骑士团"相处甚欢，前者准备吸收后者的人与其他人一起加入自己这个更有力量的组织。俄罗斯没有身穿盔甲的武士，不能抵挡这些装备齐整的德国人和利沃尼亚人，俄罗斯人只能以一腔孤勇，用树木、泥土以及松动的石头去抵抗。但是，在德国人闪亮的盔甲，以及用石头和水泥筑造的坚实城堡面前，俄罗斯人的长矛是毫无作用的。他们被征服是不可避免的，骑士们和拉丁教会接手了被征服的土地。哥尼斯堡（Königsberg）和其他许多俄罗斯城镇被条顿化，与吕贝克（Lubeck）、不来梅（Bremen）、汉堡（Hamburg）等城市组成"汉萨同盟"（Hanseatic League）[②]。

利沃尼亚和条顿骑士团

这次远征对西欧未来的影响比对俄罗斯的影响还要大。它包含了许多历史主线。从俄罗斯掠夺的土地变成了德国的城市——普鲁士（Prussia）。之后的那些年里，霍亨索伦王室

---

① 威斯特伐利亚：一个历史地区，位于德意志西北部。——译者注
② 汉萨同盟：德意志北部城市形成的商业、政治联盟。——译者注

（Hohenzollern）^①的一位成员，成为普鲁士的第一位国王，也是"条顿骑士团"的首领。而这也是伟大的德意志帝国的开始，并与现今所知的沙皇帝国比邻而居。

所以，德国骑士团的远征给别人带去了悲伤，而在俄罗斯的苏兹达尔大公死后，俄罗斯又被分裂、被蹂躏。对于我们来说，这所有的一切似乎是一幅糅杂混乱、毫无意义的巨画，但对于俄罗斯人来说，这只是一个伟大的国家生命中的一次变迁而已。他们为自己的民族骄傲，为自己在辉煌历史中的伟大行为自豪，也因有像留里克一样的民族英雄而得意。他们的王公们是骄傲的、有力量的，他们的继承者们（Drujiniki）高贵且无畏，除了君士坦丁堡日渐衰落的恺撒帝国，又有谁能超过他们的这种荣耀。

这就是当时的俄罗斯民族，随之在倏然而至的压倒性屈辱下，匍匐在了亚洲蒙古人脚下，长达两百五十年之久。

蒙古的入侵和成吉思汗

1224年，一个几世纪来聚集在亚速海区域的鞑靼部落入侵了俄罗斯东南部，他们自称是波洛夫茨（Polovtsui）的拥有者。俄罗斯的历史记录者天真地认为："这一群人，拥有和我们一样的血统，来自不知名的国家。只有上帝知道他们是

---

① 霍亨索伦王室：德意志的主要统治家族。——译者注

谁，他们来自哪儿——上帝，或许智者能从书中知道。"显而易见，这些历史记录者不是那样的智者。这一群入侵者是蒙古人，他们是鞑靼人和匈奴人的后代，而鞑靼人和匈奴人已经为俄罗斯人所知。但是这些蒙古人只是千军万马的前锋部队而已，庞大的军队穿过亚洲的中心，征服它所经过的地方。一个接着一个的亚洲王国，都被成吉思汗统治的帝国收纳。成吉思汗用了四十年的时间，成为中国的统治者，并控制了亚洲大部分国家，他曾说过，"就像天上只有一个太阳，因此在世界上也应该只有一个帝国"。1227年，成吉思汗逝世，他留下了一个由他创造的世界上最大的帝国，也留下了他准备扩张到西欧的遗憾。

威尼斯旅行者马可·波罗曾到过这位伟大统治者的国家。在他的游记中，远方的中国，激起了欧洲人的无限想象，唤醒了他们想要获取中国财富的强烈欲望。直至两个世纪以后，哥伦布扬帆西行，要去探索这个神奇的国度。

波洛夫茨人求助于最近的公国，作为交换，他们接受对方的信仰并成为其附属国。当几个王公派兵来援救波洛夫茨时，蒙古人派使者传信："我们和你们无冤无仇，我们只是想摧毁可恨的波洛夫茨。"而这些王公的回复，只是毫不犹豫地将所有使者处死。这一行为决定了俄罗斯的命运，从此，再也没有妥协的余地。于是，在亚速海附近的平原上，第一场战争开始了。最终，仅存活了六个王公、七十个波雅尔和十分之一的俄罗斯军队。

这场意外的战争之后的十三年间，这里毫无风波。虽然再也没有听说任何关于蒙古人的事情，但是偶尔划过天空的流星仍然能唤醒人们潜藏的危险感。直到有一天，大可汗的侄子巴图（Batui）率领千军万马再次踏入俄罗斯境内。

衰落

由于俄罗斯的政治体制缺陷，和其领土被分为各个公国，导致它变成了一个容易被捕的猎物。蒙古人团结一致，每到一处就能攻下一个公国，而每一个公国里只有贵族和公民有武器装备，农民阶层毫无抵抗之力。每当蒙古人洗劫和攻占某个公国后，他们就会去下一个公国，即使有的公国奋起反抗，也是无济于事。大公国被灭亡后，它的十四个城镇被付之一炬，沦为焦土。在大公缺位时，都城弗拉基米尔陷落了，贵族家庭被迫去了教堂避难，但最后基本在火中丧生（1238年）。两年后，基辅也陷落了，它那以拜占庭艺术为装饰的白墙和塔，以及那以金银打造的圆顶，也随之消逝了。所有的一切都变成了废墟，掩映在尘土中。现在，只有博物馆里收藏的少许碎片遗留至今，向人们讲述着曾经的辉煌。历史家记录了这座美丽的古城陷落时，水牛的咆哮，骆驼的号叫，马匹的嘶叫，以及鞑靼人的哀号。

在1240年之前，这项艺术品还完好。蒙古人占领的地方，在那个时候还是俄罗斯的领土。之后，蒙古部落开始向西欧扩张。俄罗斯因其宗教与欧洲其他国家格格不入，于是只能独自面临这场灾难。在波兰和匈牙利受到威胁和入侵时，西方王国没有表现出任何兴趣，也没有像帮助西班牙抵抗撒拉逊人（Saracens）[①]一样，对俄罗斯伸出援手。面对蒙古铁蹄，惊醒后的教皇向基督教国家求助。德国的腓特烈二世和法国的路易九世（圣路易）着手准备发动十字军东征。但是，这场风暴只是席卷了斯拉夫民族，只是满足于在这些平原上安家，仿佛这里和入侵者自己的家没什么两样。

① 撒拉逊人：中古时代的阿拉伯人。——译者注

7. 蒙古的统治

蒙古可汗的统治

众多公国陷落后，有一个公国存活了下来。诺夫哥罗德因地势偏远和不招人喜欢的气候而幸免于难。蒙古人认为，对这个好战的公国发起战争，并不值得，因此这个坚定的公国在一片狼藉中得以存活。除此以外，所有公国都在蒙古人的统治下，王公要么被处死，要么逃走。曾经骄傲的波雅尔们看着自己的妻子和女儿变成了野蛮人的奴隶。曾经过着奢侈生活的精致妇女不得不低下她们高贵的头颅，去为她们恐怖的主人磨粮食，准备饭菜。

当这次远征完成后，蒙古统治者从被征服的国家索要了三样东西：服从、贡品，以及必需时的军事特遣队。他们保留了本国人的土地、习俗，允许他们用任何方式去继承自己的信仰；他们的王公可以像之前一样继续争夺王位；但是每一个王公，甚至是大公自己，在没有得到大可汗的允许之前，都不能继承王位，王室继承者之间的每一个争论，都必须服从于大可汗。当使者带着亚利克（yarlik）或皇家制裁结果从统治国来的时候，这些王公必须俯首相迎，聆听圣意。假如有王公被邀请到蒙古朝廷朝见，即使他需要花费四年的时间（如马可·波罗描述）穿越平原、高山、河流和戈壁滩的大沙漠，他也必须去。

苏兹达尔的第三位大公雅罗斯拉夫二世在继任大公时，被邀请去蒙古国。到达目的地后，他完成了所有屈辱的仪式——亲吻可汗的马镫；舔干净酒杯里剩下的酒水。这个出身留里克家族的王公在返回的路程中精疲力竭，最终倒在了戈壁滩沙漠里，但这还不是全部。蒙古的统治屈辱而沉重。每一个有德鲁吉纳的王公，都必须时刻准备组织一个军队以备随时被要求为蒙古人作战。除此以外，除了因某种仁慈幸免于难的希腊教会职员和财产外，无论贫富，所有人都得支付那难以承受的人头税。

这是一种怎样专制的统治，使得内心深处充满愤怒和反叛的王公们花费四年的时间跋山涉水去朝见，但在蒙古人殿堂之上得到的不是尊敬和赏赐，反而是贬低和侮辱。之后，王公们带着屈辱和自己的波雅尔以及随从们原路返回——假如他们最后被允许回去的话。不幸的，在回去的路上，有一半的人会筋疲力尽而死。这种专制到底存在怎样的秘密？即使在今天，铁路等交通工具可以输送信使或便捷的电报能传达专制的意志，但是这又真的能将这种权威发挥到如此不可想象的地步吗？

下面，来看一看骄傲的俄罗斯王公在大可汗的殿堂上说的话吧。"殿下，您就是无所不能的沙皇，假如我做了任何违背您的事，那请您定夺我的生死。不管结果如何，我都做好了准备。就像上帝启示您一样，您也这样对待我吧。""殿下，您是我的首领，您的仁慈让我能够掌管我的公国，虽然没有头衔，但是我有了您的保护和委派，也有幸有了您的亚利克，虽然我的叔叔认为这不是您的仁慈，而是您的权力。"在继承王位的事情上，他们的奉承成功了。我们也不难发现，为了王位，他们的卑鄙和可怜。在上述的例子中，那个放肆的叔叔被命令为他胜利的侄子在回莫斯科接受加冕的路上牵马绳。所以，通向成功的道路需要磨难，正是那位狡猾的莫斯科王公以最大的忍耐完成了这段路程，后来他对俄罗斯产生了重要影响。

亚历山大·涅夫斯基

就像我们前文描述的，诺夫哥罗德躲过了这场灾难。他们的王公亚历山大（Alexander）就是那位在返回路上死在沙漠中的雅罗斯拉夫大公的儿子。在蒙古人发动入侵战争时，亚历山大在波罗的海区域率领军队抵抗瑞典人和利沃尼亚骑士团。这是一场拉丁基督教与希腊基督教之间的战役，借助涅瓦河的河岸，他取得了巨大的胜利，也就是这场战争的胜利使他获得了不朽的名声，也让他获得了涅夫斯基的姓氏。亚历山大·涅夫斯基被人们称为涅瓦河和北方的英雄。但是即使这样，他最终还是被迫拜倒在那些蒙古人的脚下。诺夫哥罗德在这场灾难中，既没有给可汗进贡，也没有表达尊敬。蒙古入侵三十六年后，在诺夫哥罗德面临灭顶之灾前，亚历山大还是一个英雄。他选择屈服，但这个选择需要他自己钢铁般的灵魂，去勇敢面对公众的愤慨。公众大声喊叫："他将我们推向了奴役。"负责向维切商讨的波萨德尼克当场被杀。但是，亚历山大仍旧坚持这样做，并且还去说服别人。亚历山大的儿子拒绝与他共享这份屈辱，他选择离开这个王国。一次又一次，民众将同意书拦截下来了。诺夫哥罗德最好还是灭亡吧！最终，亚历山大宣布他将离开，他将让公众决定他们自己的命运。他们妥协了，蒙古人闯进了这个寂静的城市，然后每家每户登记上交贡品的名单。

在可汗到达塞莱（Saraï）之前，郁郁寡欢的王公就病倒了，他的心和他的精神都垮了。他拯救了他的国家，但是这个任务太过沉重，在回家的路上，他心力交瘁而亡（1260年）。

受奴役的俄罗斯

曾经动乱的鞑靼王国，后来被成吉思汗的第四代继承人忽必烈统一，同时将金帐汗国从母国分裂出来，现在它的可汗成了俄罗斯的绝对统治者。从那时起，授职仪式就改在塞莱举行，王公们屈辱的朝圣地点也变成了这座城市。

在入侵阶段，蒙古人信仰的宗教是以巫术和法术为基准的异教，但那之后，他们迅速改为信奉伊斯兰教，并成为先知（Prophet）的忠诚信徒（1272年）。虽然蒙古人从未想过将俄罗斯人鞑靼化，但是两百五十年的统治一定会给俄罗斯文明留下不可磨灭的痕迹，而且这样的痕迹甚至会比早前的基督教更为深刻。上层社会的服饰开始变得更加东方化，扎腰带的长袖大袍取代了束腰宽松外套，各个民族的血统在某种程度上相互融合了——即使王公和波雅尔也会与蒙古女人定下结婚契约，如此，若干年后的鞑靼统治者的血液里就会混杂着留里克后代的血液。

假如一个软弱的国家遭受上述的灾难，那这个国家就会被击垮，陷入绝望境地。但是俄罗斯并不软弱，它储藏的力量中有好的一面，也有邪恶的一面。与自然界和与人相伴，其生命一直都是充满严重矛盾性的，即使现在没有其他野蛮人出现，他们也会自相残杀。他们有着无法形容的精力，他们的每块肌腱随时都保持着最高的活跃状态，而且不停地磨炼、加强。他们的伤口，就像那些动物一样很快愈合，他们被某种天性督促着要赶紧摆脱难以弄断的链条。诺夫哥罗德被鞑靼人统治期间，整个公国都调整自己的状态来适应被奴役的环境。它的内部经济被重建，农民们一如往常地在他们自己的米尔或公社里纺织、收割，然后进行买卖，只是比之前多了一点耐心和顺从。赋税越来越重，但是他们必须承受，也必须上交。那些王公们的才智已经被争权夺利所磨灭，从以前到现在，为了王位，叔叔们、侄子们以及兄弟们之间相互残杀；一旦成功，他们就会极力模仿领主大可汗严厉的统治方式来管理自己的公国。

这就是未来俄罗斯的雏形，一个强壮、忍耐性强、长时间工作的民族，被无法理解的暴君紧紧地抓在手里，没有怨言地、自然而然地贡献出自己近一半的劳动果实，以换取能生活在自己国土上的权力。当俄罗斯统治者血管里流淌着鞑靼人的血液，心中有鞑靼人的思想时，俄罗斯就开始走上了专制主义的道路。所有事情都朝着铁血冷酷的集中统一发展——这种方向与斯拉夫人自己原来不受约束的本性完全不一样。

8. 莫斯科人

立陶宛

俄罗斯激烈的暴力冲突从未停止过，这一切都在为开辟一个新的中心做准备。这个中心是在东部还是西部，则需要长时间的斗争才能决定。西部的俄罗斯人加入了在波罗的海沿岸的立陶宛国家；而东部的俄罗斯人则聚集在莫斯科大公国。

与波兰的联盟

立陶宛人从未被基督化，他们依旧信奉佩伦，遵守他们的异教仪式。他们和俄罗斯之间唯一的联系是，多年来迫不得已要向俄罗斯上交贡品。终于有一天，他们准备好了反叛。与利沃尼亚和条顿骑士团争斗多年后，罗马教在立陶宛人的土地上获得了一些立足点，他们开始被信天主教的波兰吸引，而不是信东正教的俄罗斯。当伊格洛（Iagello）提出波兰和立陶宛的政治联盟，并在克拉科夫（Cracow）统治两地，同时设立他们自己的大公时，波兰人同意了这个提议。促成这次联盟的人是罗马教皇，他不停地通过德国和波兰将天主教传入俄罗斯。希腊教会一次次地阻止了罗马教会提供的和解和联盟。所以，他们促成立陶宛王公伊格洛与波兰女王海德薇格（Hedwig）的婚姻，希望通过改变德国骑士团的信仰和信仰天主教的波兰将天主教传入俄罗斯。

在西方，这一系列政治政策的关键，总的来说是因为教会发挥的重要作用。直到有天，立陶宛人觉得自己足够强大，能够摆脱基督教的洗礼，并且能沉浸在自己的野心中，挣脱波兰时，他们会着手发动一场独立的、有攻势的运动，来压制俄罗斯。

立陶宛人意图征服俄罗斯

在这场运动中，有一股力量迸发出了巨大力量。虽然立陶宛人被要求信仰天主教，但异教一直在他们内心，他们先是占领了城镇，然后是整个公国。逐渐地，运动变成了立陶宛人征服的开端，相比之下，蒙古人的镇压也相形见绌。蒙古人想要的是贡品，而立陶宛人想要的是整个俄罗斯。但是，这场西方与东方的战争给俄罗斯的阴谋家提供了一个绝妙的机会。一些愤愤不平的王室、贵族和他们的随从们组成了一支军队，他们与立陶宛人和波兰人暗中谋划、协商，甚至准备以信仰的妥协为代价，只为能够摧毁压制他们的现存力量。

简单来说，宗教就是东方与西方之间最大的冲突，在这场冲突中，莫斯科大公国取得了胜利，并逐渐成为俄罗斯的最高元首，也为俄罗斯未来的专制政体埋下了种子。

莫斯科的第一位王公丹尼尔一世

能够两次改变一个国家生活方向的家族，似乎得具有非凡的品质才能做到：首先，从基辅到苏兹达尔；其次，从苏兹达尔到莫斯科大公国，并在莫斯科大公国建立起了扩展到整个俄罗斯的发展中心，形成了现今的俄罗斯。这个家族就是多尔戈鲁基（Dolgoruki）家族。莫诺马赫和他的儿子乔治·多尔戈鲁基，基辅最后一位大公，都具有做统治者的性格和能力；前文中提到，乔治（尤里）的儿子安德鲁·博格洛布斯基发动了革命，使大公国由基辅搬到了位于北方荒凉的苏兹达尔。涅瓦河和诺夫哥罗德的英雄——亚历山大·涅夫斯基，是这位安德鲁（苏兹达尔）的后代，而就是涅夫斯基的儿子，成了莫斯科的第一位王公，并世世代代建立了一个完整的王国，一直传到尼古拉斯二世（Nicholas Ⅱ）①手中。不同于俄罗斯过去的历史，

---

① 尼古拉斯二世：全名尼古拉二世·亚历山德罗维奇，俄罗斯帝国的末代皇帝。——译者注

这个手握大权的家族将要建立一个王朝，且又一次把这个国家引向新的方向，一个俄罗斯所有人向往的莫斯科大公国。

这座将竭尽全力影响俄罗斯的城市，是基辅最后一位大公乔治（尤里）·多尔戈鲁基于1147年建立的。关于建立这座城市还有一个故事，这块土地原来属于一个叫库科奇（Kutchko）的波雅尔贵族，由于他犯了罪，所以被判处死刑。在临死前，他来到现今克里姆林宫（Kremlin）[①]的地方，看着莫斯科瓦河，顿时觉得赏心悦目，所以他就将这里定为了城镇的中心。无论库科奇是否真的死了，或是他最初想要利用这个领地的目的都没有被证实，但是，莫斯科还是在这片土地上悄然屹立。

1238年，当这座城镇被鞑靼人洗劫的时候，它都没有引起人们的关注。1260年，亚历山大·涅夫斯基逝世，他将莫斯科作为封地给了他的儿子丹尼尔，那时莫斯科只有一些村庄。必须要记住，涅夫斯基是莫诺马赫和乔治（尤里）·多尔戈鲁基的直系后人，是正式建成莫斯科的建立者。莫斯科的第一位大公来自这个辉煌家族的一脉，并且这个家族一直延续至今，不曾中断。

丹尼尔正要接手的这个公国，可能是俄罗斯最不健全、最没有影响力的公国，不仅如此，它的周边是一些强大而有力量的国家，彼此之间连年战火不断。立陶宛人从西方举兵压入，占据了俄罗斯的大部分国土；东方的蒙古人对他们百般奴役，

---

① 克里姆林宫：位于莫斯科。——译者注

且为达成自己的可耻要求而发动反复入侵。

俄罗斯帝国的建立不是一个轻松的任务。它的完成需要的不是精致的工具和温柔的手，而是残酷的方式和毫无怜悯的心。仅仅依靠暴力和残忍是不能完成的，还需要冷静、政策谋略、耐心和一种微妙的诡计。俄罗斯的王公善于察言观色，在与君士坦丁堡的交往中如此，在被蒙古可汗踩在脚下时也是这样。他们用残忍和狡猾来对抗。但是，与以往的王公们不同，莫斯科的王公们很善于玩弄这些东方的头脑艺术。他们的诡计不只是鼠目寸光，他们的算计经得起考验，他们卑躬屈膝，装出忠诚和奉献的样子，只是怀着将对方撕成碎片的目的。除此之外，他们聪明的大脑，能够领悟权力的秘密。他们将某种确定的结果视为目的，并传递下去。从一开始，他们就放弃了由最年长者来继承王位的旧继承法，已故王公的土地总是分给他的儿子们。之后，渐渐地形成了一个默许的新习惯，把莫斯科分给最年长的儿子，剩下的那些不重要的领地分给其他人继承。于是，长子继承制在这个新国家中扎根了，并且他们创建了一个帝国。

莫斯科大公国的王公们都善于使用诡计，他们将邻国卷入战争之中，然后借此讨好统治的可汗——他们会在可汗之前来到塞莱（虽然在可汗的命令下，他们必须这么做），让可汗对此做出评判。然后，就有一个不幸的王公（除非他被斩首了，或者压根没有离开）在返程的时候失去王位，而忠诚的莫斯科王公就会带着被赏赐的领地和被授予的头衔回到他的王国。难道他们一直都没准备好听从自己的想法，仅仅听命于他人或是让他人服从自己吗？难道他们还没有准备好，对诺夫哥罗德或其他骄傲的、执拗的，无法对他可敬的可汗上贡或尊敬的城邦进军吗？俄罗斯国向莫斯科大公国过渡的记载，是历史中最阴暗、最黑暗的篇章。它的记载以悲剧为基础，它成长的每一步，都是用人类的鲜血滋养的。他们对蒙古可汗的俯首，对同伴的出卖，背信弃义，以及精明但无人性的政策，使得莫斯科从无人问津登上了至高无上的权力巅峰，也使莫斯科大公国的名字为人所知。

自丹尼尔（1260年）到瓦西里（Vasili）逝世，中间一共有八位莫斯科大公国的王公即位，他们传位给下一代王公的时候，过程都很顺利，在那两个世纪的岁月里，国家政策的执行，就好像是一个人完成的。莫斯科的城市修建得很雄伟。克里姆林宫建成时的模样（1300年），和我们现在看到的不一样。这座拥有十八座塔的宫殿，在它神圣的墙内，堆积着需要几百年才能收集到的财宝。随着每一任王公的继任，新的建筑就会拔地而起，并且用越来越多的珠宝和拜占庭艺术品来修饰。

莫斯科成为教会中心

俄罗斯的大主教在地位上仅次于君士坦丁堡的大长老，在他被人劝说从大公国的首都弗拉基米尔搬往莫斯科后，莫斯科就渐渐变成了俄罗斯的教会中心。这是一个重要的举动，因为伟大的基督教的到来，会带来辉煌的仪式、财富、文化和艺术，以及克里姆林宫要增建的教堂和宫殿。1328年，伊凡一世作为留里克最年长的继承人，根据旧继承法继承了莫斯科大公。所以，莫斯科的大公，同时也是弗拉基米尔或苏兹达尔的大公，他还是居住在自己的都城里，但其他大公国处于莫斯科的统治下。伊凡一世做的第一件事就是宣布对诺夫哥罗德的主权，他剥夺了诺夫哥罗德的人原有的维切和波萨德尼克，并派自己的波雅尔作为当权代表，也作为大公，管理统治着诺夫哥罗德。于是，蒙古可汗对其进行了赏赐，同时授予他弗拉基米尔、莫斯科和诺夫哥罗德三座王冠，之后，又给他添了许多公国。

权力的集中

下一步就要废除斯拉夫人旧的继承制度，宣布大公国的王位由已逝大公最年长的儿子继承，以此确保莫斯科大公血统的纯正。一直到1431年，这个目标还没有实现。于是，瓦西里将这一争议抛给了可汗，让可汗做出决定。这个争议中的另一个主角，就是上文提到过的"傲慢的叔叔"，他竭力争取，在旧的继承制下，他将拥有的继承权。结果我们都应该还记得，在上文中，他被要求牵着取得胜利的莫斯科大公所骑马的缰绳，而这个大公是他的侄子。事后，这位沮丧的叔叔的儿子们密谋造反，瓦西里一怒之下，下令将他其中一个堂兄的眼睛挖了出来。古语说："不是不报，时间未到。"十年的一天，瓦西里栽在了他幸存的堂兄手中，于是他的眼睛就被挖出来了。自此，他被称为"瞎子瓦西里"。这个狡猾的大公时刻让他最年长的儿子伊凡待在他身边，让他的继任成为板上钉钉，并且他还让伊凡熟悉大公的日常事务，帮助他牢牢地掌握大权，以确保自己逝世后，没人能撼动伊凡的地位。

在这两个世纪里，除了莫斯科大公国兼并了其他公国外，还发生了许多事情。立陶宛人野心勃勃地计划将波兰、匈牙利、德国骑士团和天主教都算计在内的阴谋被识破，绝望的立陶宛人与波兰结成了同盟。更需要关注的是，金帐汗国处于支离破碎中，而德米特里（Dmitri）大公于1378年在顿河（Don）河岸取得了一系列的胜利，加速了这一过程。亚历山大·涅夫斯基在涅瓦河战役中的胜利使得自己一战成名，同样，德米特里·顿斯科伊（Dmitri Donskoi）也赢得了胜利。在那之前，鞑靼人虽遇到了抵抗，但是从没有被攻击。这是第一次爆发对蒙古统治的抵抗，也奠定了他们自己的权威。蒙古由于内讧，在塞莱多次发生对王位的争夺，最终金帐汗国被一分为五，彼此都声称自己是拥有最高权力的可汗国。

9. 拜占庭的消亡与蒙古统治的结束

奥斯曼帝国的起源

在这两个世纪中还发生了其他事情，它不仅关系到俄罗斯的未来，还关乎整个欧洲的未来。1250年，距离丹尼尔成为莫斯科王公的前十年，一小队以劫掠为生的土耳其人在其首领埃尔图格鲁尔的带领下驻扎在了小亚细亚的平原上。埃尔图格鲁尔由于给这片土地的统治者提供某些服务，获得了一部分土地作为报酬。当埃尔图格鲁尔死后，他的儿子奥斯曼展现出惊人的能力，吞并了其他人的领土，不断地扩大自己的土地，一时间成了邻国的威胁。他为奥斯曼帝国（Ottoman）的建立打下了基础，开创了一个延续三十五位君主的王朝，直到近代，奥斯曼和埃尔图格鲁尔的后人，栖息于今日的君士坦丁堡，隔断了通往到东方的路，并且挑战着基督教国家。这些奥斯曼土耳其人将完成俄罗斯王公们从留里克和奥列格时期以来，一直未能完成的事情。他们将打破古老的东罗马帝国，也将把博斯普鲁斯城据为己有。1453年，奥斯曼的继承者成了君士坦丁堡的主人。

君士坦丁堡的土耳其人

教皇一直渴望别人对他顺从，也一直渴望成为统一的基督教世界的首领。1439年，他向希腊教会提出了一个新的建议。君士坦丁堡的君主、三个主教和十七个都主教，包括莫斯科的都主教一起签订了联合法。但是，当震惊的俄罗斯人听说教皇的祈求，看到祭台上的拉丁十字架时，他们怒不可遏。瓦西里大公为了凌辱莫斯科都主教，于是把他排挤出莫斯科，那份联合法就被撕毁了。作为一种政治解决方案，这一做法蕴含的智慧是毋庸置疑的。如果这个帝国能同情罗马教皇和欧洲天主教的首领的话，那么土耳其人在1453年就不可能攻进君士坦丁堡，拜占庭帝国就不会被推翻，古老的文明也不会随风而去，并且深远地影响了欧洲文明的进程。拜占庭是希腊的延续，现在俄罗斯宣布自己成为拜占庭的继承者。此时，莫斯科又是俄罗斯的都城，统治莫斯科的是伊凡三世，他从自己的父亲——"瞎子瓦西里"手中接过王位，且刚坐稳王位不久（1462年）。

莫斯科成为拜占庭的精神继承人

基督教世界从未遭遇过如此大的冲击。即使是反叛与疏远的兄弟之间也可能会和解，而现今，在欧洲大门口出现了让基督教最头疼的异教徒——土耳其人，反倒成了基督教最危险的敌人。这就像查尔斯·马泰尔（Charles Martel）把奴役了西班牙半岛七百年之久的敌人赶到比利牛斯山脉（Pyrenees）①，不同的是，萨拉森（Saracen）②带去的是野蛮而非教化。

绝望痛苦的罗马教皇向俄罗斯求助。希腊教会的领袖从君士坦丁堡转移到了莫斯科，它的都主教现在变成了主教。拜占庭帝国的最后一个君主约翰·帕莱奥洛格斯（John Paleologus）的侄女在罗马避难，罗马教皇提议让这位希腊的佐伊公主（Zoë）嫁给伊凡三世。伊凡三世欣然接受了。佐伊改名为索菲娅（Sophia）后，成功穿越俄罗斯，成为伊凡三世的新娘。莫斯科长时间以来是俄罗斯教会的中心，现在她成为东罗马教会的精神领袖，她的统治家族加入了恺撒大帝的家族。俄罗斯也确确实实继承了东罗马帝国的衣钵，其未来的统治者都将会有罗马恺撒家族的血统。

伊凡迎娶恺撒的女儿

莫斯科因其得天独厚的地理优势，成为俄罗斯的货物分配

---

① 比利牛斯山脉：位于欧洲西南部。——译者注
② 萨拉森：西欧对阿拉伯帝国的惯称。——译者注

中心。来自北部的木材，肥沃土地的玉米，黄牛饲养区域的食物，不断涌入莫斯科，也就是因为这些因素，莫斯科成为经济、思想和政治中心。现在，随着伊凡和他的希腊妻子的姻缘，许多学者、政客、外交官和艺术家们来到了这个被宠爱的城市。大批希腊移民为逃离土耳其来到了莫斯科，他们带来了书籍、珍贵的手抄稿和从被摧毁的帝国中拯救出来的不可估价的财物。如果这个时期对于西欧是文艺复兴时期，那么对俄罗斯来说，又何尝不是文艺诞生的时期呢？假如俄罗斯的王子们依旧是粗俗的人，那么他的子民该是什么样子的呢？伊凡重视这些事物，是因为他认为这些是拜占庭曾拥有的，对于他而言，这就象征着权力。伊凡还有很多艰难的问题没有处理。诺夫哥罗德和它的姐妹公国普斯科夫还没有消灭，还有在其边界上虎视眈眈的瑞典和利沃尼亚骑士团，以及需要吞并的保加利亚和其他土地，最后也是最重要的，是要挣脱蒙古的束缚。他必须筹划好这些事情，所以他没有时间去研究希腊珍贵的手抄稿。他引进了鞭笞制度，使得他与他的斯拉夫民族形同陌路。他鞭打折磨王公、波雅尔，甚至连教徒也不能幸免于难，有的人还被折磨成残疾了。据说，他把两个波兰绅士关进笼子里，活活烤死。传闻，女人们会因为他一瞪眼而晕倒过去。当他睡着的时候，波雅尔们依然会胆战心惊。他不该被称为"伊凡大帝"，反而"伊凡雷帝"更加合适，而真正的"伊凡雷帝"——他的孙子伊凡四世也无法企及。我们所知他更胜一筹的一面是他很爱他的希腊的妻子，会为兄弟的死痛哭不止，甚至对所有属于他的领土怀有欣赏之情。当他唯一的儿子死后，他悲痛欲绝，下令将照顾儿子的医生们斩首示众。

在那个年代，医生是一个危险的职业。伊凡十分信任一位名叫安东尼（Anthony）的德国医生，派他去照顾前来拜访的鞑靼王公。当这个王公喝了安东尼熬制的中药后，竟意外地死了。于是，伊凡将安东尼交给已故鞑靼王公的亲属，任凭他们发落。他们把安东尼带到莫斯科瓦河的一座桥下，像羊一样把他剁成了碎块。

伊凡三世的作为及蒙古的分裂

伊凡三世与他基辅伟大的祖先不一样，他不是一个具有勇士品格的王公，甚至还被质疑缺乏常人的勇敢。他极少让自己的军队参与战争。他最大的胜利也是坐在克里姆林宫的宫殿里取得的，他的武器是狡诈和影响深远的外交手段。他打破了附属国继承制度，把那些还未被彻底合并的公国特权、旧的法律和司法体制一个个废除。伊凡表面上对蒙古帝国很是尊敬，从蒙古那里得到协助，并小心翼翼地准备他的反击计划，然后借力攻击诺夫哥罗德和立陶宛。他诡计多端，拒绝进行上贡和朝见，借口说不知道一分为五的帝国哪一个是合法的可汗。

1478年，代表阿克米特可汗（Akhmet）的使臣带着可汗的肖像到达莫斯科，准备收取贡品。伊凡撕下了他伪善的面具，暴怒地把肖像狠狠地踩在脚下，（据说）除了留下一个使者将话带给金帐汗国以外，他将来使的人都处死了。可汗非常惊讶，写信告诉伊凡，只要伊凡来萨莱朝见，并亲吻他的马镫，他便原谅伊凡。

最后，伊凡带领自己的军队与被激怒的可汗大战一场。两军在奥卡河（Oka）①两岸对峙。停战数天后，双方突然都惊慌失措地逃跑了。于是在1480年，他们以不光彩的形式，在长达三个世纪之久的压制和侮辱后，终于摆脱了蒙古的统治。后来，蒙古又发动了很多次入侵，他们联合立陶宛人、波兰人以及俄罗斯的敌国发动多次战争，也曾多次打到了莫斯科的门口，甚至有两次放火将这座城市除克里姆林宫的地方烧为平地。但是，俄罗斯对这个支离破碎、士气低落以及长期徘徊在克里米亚的国家，再也没有贡品和顺从了。直到今天，在俄罗斯东南部草原上仍聚集着两百万放牧的蒙古人，他们依旧生活在蒙古包里，饲养牲畜，他们的服装、习性和性格还是与成吉思汗时期一样，没有什么改变。据记载，我在写这部书稿时，饥荒还在他们那里肆虐。这里是蒙古入侵剩下的最后一部分人。

1487年，伊凡进攻了喀山（Kazan）②。这座城市在被围困七周后，陷落了。喀山的沙皇成了莫斯科的阶下囚，伊凡三世被授予"保加利亚王公"的头衔。

---

① 奥卡河：伏尔加河的支流。——译者注
② 喀山：俄罗斯的城市。——译者注

10. 沙皇

瓦西里二世

    1505年，瓦西里二世继承了伊凡三世的王位，沿用之前的政策，并以残忍的手段吞并他国。普斯科夫是诺夫哥罗德的姐妹共和国，它以同样的忠诚捍卫着自己的自由，但最终不得不投降。用来召唤自己维切的钟——象征着他们自由的钟，被移走了。他们的悲痛堪比当年阿拉贡王国（Aragon）①的费迪南德（Ferdinand）夺走阿拉马（Alhama）的摩尔人的城市。充满诗情的史学家说："啊！普斯科夫辉煌的城市啊！为何悲泣？"普斯科夫回答说："我怎能不悲泣？张牙舞爪的老鹰像一头狮子向我冲来，掠夺了我秀美的河山、财富和子孙。我们的国

---

① 阿拉贡王国：阿拉贡地区的封建王国。——译者注

土变成了一片荒凉的沙漠！我们的城市被摧毁。我们的手足被带去了一个我们父辈、祖辈，甚至是曾祖辈也不会定居的地方！"在俄罗斯悲惨的历史故事中，没有哪一个时期会比诺夫哥罗德和普斯科夫这两个共和国的毁灭更令人悲痛、更让人过目难忘。

1523年，最后一个公国也投降了，莫斯科大公国也完成了所有的吞并。现在只有一个统一的俄罗斯，他们不再称自己的领袖为"俄罗斯大公"，而是开始称呼为"沙皇"。这个称呼是斯拉夫形式的恺撒，它象征着瓦兰吉王公们的梦想以一种意料之外的方式实现了。俄罗斯沙皇从此继承了恺撒帝国的衣钵。

瓦西里二世挑选妻子的方式，与亚哈随鲁（Ahasuerus）①相似。一千五百名出身高贵的最漂亮的女子被集中到莫斯科，经过仔细的审查后，只留下十个人，然后再选出五个人，最后从这些剩下的人中挑选。瓦西里的宫廷人员由自己妻子的亲戚组成，他们追随瓦西里，并给他建议。波雅尔们争相争取侍奉沙皇饮食和梳洗的特权，但是谏言是一项艰难的任务。在德鲁吉纳时期，如果冒着危险提建议，可能会被他严厉地呵斥："闭嘴吧，你这个粗鲁的人。"更甚者，有一个人因为抱怨贵族们没有接受建议，被他带到自己的寝宫，斩首了。

俄罗斯受自身民族的野蛮文化和希腊辉煌文明的影响。在

---

① 亚哈随鲁：波斯帝国的国王。——译者注

沙皇登基的时候，会有狮子朝天空咆哮，年轻的贵族头戴白色毛皮帽，身穿白色绸缎长袍，手拿银色短斧，希腊学者也在其中。有一个博学的高僧，也是萨沃纳罗拉（Savonarola）①的朋友，负责翻译希腊书籍，并为沙皇整理图书馆里无价的书籍。瓦西里二世现在与教皇利奥十世通信，利奥十世倾尽家产引诱瓦西里二世与波兰天主教交好，并唆使他参与到攻打君士坦丁堡的重要战役中。瓦西里二世是东罗马帝国的思想和世俗事物的继承人，也是其守护人。

正在演变的斗争

所有的这些都是非凡的。但是，这些都是瓦西里二世从他父亲伊凡大帝的手中接过的，瓦西里二世的统治很出色，不仅保住了所有的继承物，还把它们扩大了。他让贵族丢了脸，他发展了由伟大的父亲发起的运动，也继承了母亲高雅的品位。然而，他与前任伊凡大帝和伊凡雷帝对比，就被淹没在历史中了。

利奥十世很快就被一个新的敌人转移了注意力，暂时放弃了对君士坦丁堡的计划。威滕堡（Wittenburg）教堂门口的僧侣的抗议花费了他许多时间。来往的旅行者会带回来关于莫斯科大公国非凡的事迹和传说，使得欧洲比以往更加害怕这样野

---

① 萨沃纳罗拉：一位宗教改革家。——译者注

蛮的邻国了。假如这些拥有权力的野蛮人采用了欧洲的方法，那他们没有什么是不可能做到的！要强制执行更紧急的方案了，必须阻止他们接近文明的脚步。波兰的国王西格斯蒙德（Sigismund）会不惜一切代价威胁波罗的海的英国商人。

虽然追溯到伊凡大帝时期，俄国明显与欧洲其他国家没有共同点，但是它们都受到同样大的潮流或趋势的影响，几乎同时拥有了相同的政治条件。有一只看不见的、不可抗拒的手覆在欧洲每个国家之上，把许多权力集中到一点上。在西班牙，费迪南德和伊莎贝拉（Isabella）统一了所有的小国和摩尔人。在法国，路易十一打破了封建主义的枷锁，并与人民巧妙地结成了联盟，羞辱和征服了骄傲的贵族。亨利八世在英国建立了专制主义制度，马克西米利安（Maximilian）也在德国建立了专制主义制度，甚至连意大利共和国也被拥有更大权力的封建君主统治。由此不难发现，欧洲各国的发展趋势是顺应历史潮流的。

这样的集中统一成了一种潮流，而与西方帝国切除所有显著联系的边远俄国也未能幸免，这样的发展似乎已经成为其中一部分了。在俄国，权力从分散到集中：首先，权力从许多统治家族手中集中到一个家族手中；其次，这个家族的权力集中到一个至高无上的统治者——沙皇手中。

从多尔戈鲁基将俄国的生活中心从基辅搬到苏兹达尔开始，俄国就发生了很多革命，这个好战的民族内斗不断，并且还要面对来自四面八方的威胁。但是即使这样，俄国的历史进程也是稳定地向前，以致显得欧洲进程有些暗淡。这个进程的开端是从安德鲁·博格洛布斯基试图专制开始的，他的波雅尔们本能地认为其政策的成功意味着他们的毁灭，所以他们暗杀了安德鲁。

在"旧俄罗斯"时期，王公和他的德鲁吉纳如手足一般紧紧地联系在一起。在一个家族中，王公是唯一被尊崇的人。而在"新俄罗斯"时期，王公和他的追随者或波雅尔之间有日益增强的敌意。这种敌意发展为生死角逐，就像路易十一和他的贵族阶级之间的斗争一样。王公的地位上升就意味着追随者将受到更大的侮辱。这是一场生死较量，在这场较量中，一个走向胜利，而另一个注定走向毁灭。

安德鲁·博格洛布斯基和伊凡四世时期的事件相对没有那么重要。在这一时期，蒙古实行暴政，他们让立陶宛人、波兰人和其他阴谋家的抗争没有任何意义，他们以暴力、外交和反叛等方式尝试摧毁这个国家。然而，相对于所有贵族手中残留的权力都将转移到沙皇手中来说，这一切又没那么重要了。这场战斗注定是没有希望的。伊凡三世时期，战争的号角就已吹响；他的儿子瓦西里二世时期，斗争变得更加艰巨；伊凡雷帝统治时期，斗争达到了高潮，这个帝王就像一个愤怒的动物，释放了他血液中所有被压制的天性。

11. 伊凡雷帝——吞并西伯利亚

伊凡四世

1533年，瓦西里二世逝世，王位由他三岁的儿子伊凡四世继承。于是，被压制羞辱的贵族和波雅尔想趁机翻身。他们唯一的阻碍是伊凡四世的母亲海伦娜·格林斯基（Helena Glinski）。于是，海伦娜很快被毒死了，自此没有人能够阻止他们对专制制度的反对了。伊凡四世还很小，所以他们有大量的时间来重建丧失的权力。波雅尔们掌控了政府。伊凡四世后来写道："我和我的兄弟被当作乞丐的孩子。我们衣不蔽体，又冷又饿。"波雅尔们在这些孩子面前，把宫中的金银财宝据为己有，还洗劫百姓，实行严苛的税负，像奴隶一样对待子民。唯一爱护被忽视的伊凡四世的人是他的女仆，她对他心疼不已，但她也被带离了。对于一个侍从来说，在他倒台的时候，能够可怜这个孤苦伶仃的孩子就已经足够了。伊凡智力超群，他看了不少书，而且特别喜爱观察所有发生的事。他发现，那些人私底下对他粗暴地进行侮辱，但在公开场合就会表现出一副奴仆的样子。他还发现，必须下达命令的事情都需要他的签名，他还是拥有权力的。1543年，伊凡四世突然召集朝臣到他面前，然后他下令侍从抓住波雅尔的主犯，并让自己的猎狗把主犯撕成碎片。发动这场政变时，伊凡四世只是一个十三岁的男孩。他流放了许多参与阴谋的人，随后开始了自己的统治。他像一个温和而懒惰的青年，对信任的人非常信任；相对处理国家事务，他逐渐喜欢上了纵欲和享受。1547年，他加冕为俄国沙皇，随后迎娶了罗曼诺夫家族（Romanoff）的阿纳斯塔西娅（Anastasia）为妻，婚后对妻子很是宠爱。和曾经的统治者一样，伊凡四世任命自己的母亲和妻子的亲戚作为亲近的臣僚。因此，格林斯基家族和罗曼诺夫家族权倾朝野，把控朝政。他母亲的格林斯基家族尤其不得人心。后来，一次严重的火灾几乎把整个莫斯科摧毁了，一些有忌妒心的波雅尔就造谣说是公主安娜·格林斯基用巫术制造了这场不幸的火灾，说她挖走人的心脏，把人下水蒸煮，然后点燃了人们的房子，才会引发这场火灾。愤怒的人们把格林斯基家族的宫殿烧了，杀死了宫里所有的人。

一个温和的年轻人变成了一个怪物

伊凡似乎被这件事深深刺激到了，他变得异常紧张。他屈服了波雅尔们的要求，并任命两个人管理政府——一个是来自较小的贵族家庭的阿达谢夫（Adashef），负责管理世俗事物；另一个是牧师西尔维斯特（Silvester），负责管理其他事物。伊凡十分信任他们二人，甚至基本上不过问国家事务，一心放在了完成父亲伊凡三世开创的事业中——修订雅罗斯拉夫制定的旧法典。就这样，伊凡四世度过了一段非常平静且愉快的时期。后来，伊凡被疾病折磨，在生命垂危时他发现，他信任的大臣们与鞑靼人联手，背叛了他。当伊凡听到他们庆祝格林斯基家族和罗曼诺夫家族的倒台时，他意识到，假如他死了，那妻子阿纳斯塔西娅和还在襁褓中的孩子将会有什么样的命运。于是，他决定与死神抗争。

放逐似乎是一种受苦少、力度轻的惩罚。在莫斯科的宫廷中，这是一种对叛国者温和处理的方式。怀疑之毒侵入伊凡四世的灵魂，更准确地说，它慢慢毒害他的灵魂，使他的性格发生了转变。阿纳斯塔西娅突然离奇地逝世，伊凡的性格发生了翻天覆地的转变。那个温和的、信任他人的伊凡逐渐消失，取而代之的是"伊凡雷帝"。

后来，伊凡四世曾为自己辩护道："当下作的阿达谢夫背叛我的时候，有谁被处死了吗？我没有表现出仁慈吗？他们说，我现在变得残忍、易怒，但是，我对谁这样做了呢？我只是以牙还牙地对待那些待我残忍的人而已。对于那些好人，我会善加对待他们。我的臣子只会把我交给鞑靼人，只会把我出卖给敌人。想一想罪大恶极的叛国罪吧！如果要严惩谁的话，难道不应该是这些罪恶的人吗？他们不是我的奴隶吗？难道我不能对自己的奴隶做什么吗？"

伊凡的埋怨一切都是真的。他的波雅尔绝望而又坚定，即使他们的头都低到尘埃里面了，也依然想方设法地谋害伊凡。他们对待自己的下属，与伊凡不相上下。假如俄国没有这位残酷的奴隶主的存在，那俄国混乱的状态就会一直存在。伊凡（就像路易十一）致力于摧毁贵族阶级的力量，当一个又一个阴谋诡计被揭穿时，他的愤怒之火烧得越来越大。

1571年，他虔诚地为死在自己手下的三千四百七十名亡者祈祷，他提到了九百八十六名亡者的名字。其中，许多人的名字后面加上了罪恶的附属，"他的妻子和孩子""以及他的儿子"，或"他的女儿"。一个温和、善良的国王变成了一个残忍的怪兽，以至于被俄国的历史学家称为"俄罗斯的尼禄①"（the Nero of Russia）。

就像所有莫斯科大公国的君主一样，伊凡是一个虔诚的信徒。他所做的所有事情中，最能体现虔诚的宗教仪式的是"东正教的火炬"，他经常在半夜叫上家人一起祈祷。这一点，可以参照上述他对受害者的祈祷和诺夫哥罗德的记载："主啊，记住一千零五个您奴仆的灵魂——诺夫哥罗德人吧，他们的名字，只有您知道。"

诺夫哥罗德的毁灭

这个共和国为自由做了最后一次的流血牺牲。玛法（Marfa）是一个有钱有势的贵族的遗孀，在她的领导下，诺夫哥罗德绝望

① 尼禄：罗马帝国的一位暴君。——译者注

地投入了波兰天主教的怀抱。而这对于沙皇和教会来说，是叛国的行为，将受到严重的惩罚。这个孤注一掷的女人被铁链拴着带回了莫斯科，并目睹自己的两个儿子和剩余的谋反者一起被斩首。几个世纪以来，用来召集臣民到维切商量，并且象征共和国的自由的高贵的钟，现今收藏于莫斯科的博物馆里。

如果那个钟会说话，如果那个国家的号角能再次响起，或许就能够听到无数痛苦而死的冤魂的声音——"他们的名字，只有您知道"。然后，伊凡率领他的军队继续掠夺这个帝国最富裕的商业城市。由于东西方的贸易往来，它加入了汉萨同盟，许多德国商人成群聚集到这里，带来了巨大的财富。一个缺乏远见的举动，沙皇没收了他们的财产，从而也彻底地摧毁了这座城市。

与伊丽莎白的友谊

当德国、波兰和瑞典决定将俄国这个野蛮的邻居孤立时，它们联手封锁了波罗的海海湾与俄国之间的门户，英国却另辟蹊径，与俄国建立了联系。英国商人从白海进入俄国，这让伊凡十分高兴，他希望与伊丽莎白女王建立友好的关系。随后，伊丽莎白女王派代表弗朗西斯·培根（Francis Bacon）与伊凡签订了商贸协议。伊凡表达了更大的友好之情，他向伊丽莎白女王提议，他们之间应该有一个互惠的约定，当其中一方的臣子叛变的时候，可以为对方提供一个避难所。伊丽莎白婉拒了这个友好庇护的建议，她说："以上帝的名义起誓，在自己的王国里没有这种叛变的危险。"于是，伊凡向她提出了另外一种联盟。他提议，将伊丽莎白的堂妹玛丽·黑斯廷斯（Mary Hastings）嫁给他作为他的第八任妻子，成为沙皇的皇后。伊丽莎白考虑了这个提议，但是当玛丽听闻了他的暴行和关于他七位妻子的事情之后，她特别害怕，拒绝离开英国，所以这个提议不得不终止了。伊丽莎白拒绝了伊凡的提议，也拒绝了和他结盟对抗波兰和瑞典的提议，这让伊凡特别生气，一怒之下他把英国商人的货物充公了，两国的友好合作暂时破裂。但是，伊丽莎白女王听闻了伊凡在1571年的报复对圣巴塞洛缪（St. Bartholomew）大屠杀之后，她恢复了和野蛮的钦慕者伊凡的友好关系。

俄国在那之后与西方王国开始了外交往来。在一个富丽堂皇的大厅内，欧洲外交大臣受到了隆重接待。沙皇头戴王冠，手拿权杖，两头狮子围绕左右，他仔细打量了这些使臣，温文尔雅地询问他们君主的近况。旁边政府观察员一直监视着外交大臣，确保他们没有和当地人会面，也没有窃取任何关于本国的信息。虽然沙皇以博学闻名，或许还是俄国最博学的人，且他的身边一直围绕着一群杰出的学者，但是俄国始终算不上拥有智慧的生命。由于受东方女性生活观念的影响，这里没有社会概念。男人们胡须浓密，他们理想中的美女应该是丰腴的，当他们透过帷幔和面纱偷看她们时，还能看到她们脸上涂着红色、白色和黑色的粉底，就像戴着一副面具。对于面带笑容的欧洲外交大臣来说，这一幕很是无趣，与之形成对比的是，机敏、勇敢的波兰人完全被欧洲化了。

吞并西伯利亚

随着伊凡四世皇权的稳固，他在统治期间将西伯利亚（Siberia）并入俄罗斯版图，这对后世产生了深远影响。一个被判死刑的哥萨克劫匪，与自己的部下一起逃到了乌拉尔人的领地上，占领了一部分领土后，他回到了俄罗斯，将它献给伊凡（1580年），以期获得原谅。后来，这件事以历史诗歌的形式被记载了下来，叶尔马克（Yermak）[①]曾写过一首这样的历史诗歌：

> 我是顿河上的哥萨克强盗，
>
> 现在啊，我高贵的东正教沙皇，
>
> 我把我叛国的头颅带给您，
>
> 以及西伯利亚的土地。

> 东正教沙皇将回答——
>
> 他说——伊凡雷帝，
>
> 哈!你是叶尔马克，哥萨克人的强盗，
>
> 我原谅你和你的追随者，
>
> 因为你的忠诚，我原谅你了——
>
> 我要赐予哥萨克人世袭的荣耀和富饶的顿河。

[①] 叶尔马克：全名为叶尔马克·齐莫菲叶维奇，远征西伯利亚的俄国哥萨克首领。——译者注

两代伊凡创造了新的法典，现在有了许多牢房可以关押违法者。法典的刑罚令人恐惧。假如某人无力偿还债务，那他就会半裸着被绑在公共场所，每天被殴打三个小时，一直持续三十天或四十天；如果没有人救他的话，那他和他的妻儿就会被卖去做奴隶。然而，在西伯利亚的牢房关押着级别更高的罪犯，对于那些罪犯，上述的惩罚简直微不足道。西伯利亚是罪犯的流放地。据称，从十九世纪开始有一百万罪犯被流放到那里，而且每年的人数还会增加两万。从这方面来看，叶尔马克献给"东正教沙皇"的这个礼物是多么实用。

误杀长子

伊凡的统治，与法国路易十一相似。为了对抗贵族阶级，伊凡借了人民的力量，并做出了让步。为此，他建立了缙绅会议，并定期召开，这样的做法一直延续到彼得一世。

伊凡的妻子阿纳斯塔西娅生了两个儿子，只有一个存活了下来。在一次暴怒之下，伊凡用自己的权杖打死了他的长子，虽然他并不想杀死自己的儿子，但是他下手太狠了。伊凡在发现自己失手杀死了深爱的儿子后，他悲痛欲绝。他失去了他最深爱的儿子，他不得不考虑将王位传给身体羸弱且心智迟钝的儿子费奥多尔或襁褓中的幼子德米特里（他和他的第七任妻子所生）。儿子的死让伊凡心力交瘁，三年后（1584年），他便逝世了。

12. 第一个罗曼诺夫——农奴制

鲍里斯·戈东诺夫

一个没有显赫出身，也没有特别优势的人物出现在了俄国的历史中，他凭借自己的能力，把握住了机会，走进了权力殿堂，决定了历史事件的走向。这个人就是鲍里斯·戈东诺夫，一个波雅尔贵族。他效忠于伊凡雷帝，因为他的忠心，伊凡很依赖他，在他去世后辅佐他羸弱的儿子费奥多尔。这个野心勃勃的篡权者，也许从伊凡杀死他的长子时便开始了。他一手促成了自己漂亮的妹妹和费奥多尔的婚姻，在伊凡逝世后，他成了实际上掌权的人。沙皇的小儿子德米特里，五岁的时候被流放到一个偏远的地方，但是不久就离奇逝世（1591年）。毫无疑问，德米特里的死，与鲍里斯脱不了干系。七年后（1598年），费奥多尔也死了，他没有子嗣来继承王位。鲍里斯是一个精明的执政者，人们推举他加冕，但是他假装不愿意接受，他希望能被正式邀请，以确保自己将来的权力。于是，通过缙绅会议，鲍里斯成功加冕。

权力之路

摄政王辅政的日子结束了。一个波雅尔成了俄国的沙皇——他不是留克里家族的一员，他的血管里流淌的也不是鞑靼人的血液！但是这个大胆且不择手段的人，从此开始了执政。莫斯科王室虽没有了继承者，但留里克家族的毁灭也给未来的发展铺平了前进的道路。

农奴制度创建

鲍里斯有着广泛而全面的想法，他为国家的发展推行了新的政策。他意识到俄国一定会被欧洲化，他需要至少有一项基本政策能在国内施行，以确保王公贵族们对他的拥戴。俄国的农民阶级是一个未被充分利用且有巨大力量的阶级，它基本上囊括了俄国所有的农村人口。在法律上，这些农民是自由的。他们生活的社会制度没有发生变化，他们还活在曾经斯拉夫人的米尔或公社以及宗法制度中，在他们的认知里，这些是最大的政治组织。他们对莫斯科政府、寡头政治或独裁统治一无所知。现代文明的光辉，一点儿都没有照耀在他们这里。他们用东正教来掩饰他们头脑中的异教徒观念和迷信想法，天真地倾听着同样的古老故事。在公平公正的买卖下，他们依旧过着曾经原始的生活。如果他们的公社依旧拥有曾经的土地，那么他们还会平分收获的粮食，给国家纳税。如果不是这样，他们就会像一群蜜蜂一样飞向某些富饶的邻地，然后出卖自己的劳动。不过，假如相邻的富人是一个特别苛刻的东家，即使是忍耐性极强的俄国农民也这么认为的话，那他们或许就会再次飞向另一处，为另一个人工作。

把这些人与某地捆绑在一起，基本上是不可能的。他们没有对大山的热爱，单调的高原对他们来说没有任何不同；至于他们的家，由于频繁的迁徙总是被烧毁、重建，所以家对于他们来说也是没有回忆的。

这也就意味着，农民阶级作为国家最后能依靠的巨大阶级力量，其自身充满了不稳定性，且流动性很大。只要某地的薪资稍微高一点，或是有更好的土地和生存环境，那整个公社就会抛弃曾经的居住地，带上自己所有的东西，离开此地。当鲍里斯还是摄政王的时候，他就想以某种方法来纠正农民阶级的这种习惯，让他成为一个受拥戴的统治者，获得他所需要的王公贵族和地主阶级的支持。他要把农民束缚在土地上。不久，他发布了一道政令，规定自此以后农民禁止随意迁徙，他们就像地里的树一样，只能从属于他们待着的那片土地，而土地的主人是他们永远的主人。

这就是农奴制度的基本架构，这个制度一直沿用到1861

年。但是在理论上，这个制度不同于美国的奴隶制度，它只是一种理论并非实际的奴隶制度。他们依旧生活在自己的公社里，依旧紧紧抓着自己虚构的自由，甚至他们没有意识到自己成了奴隶，作为自由人，只是觉得他们的权力被残忍地剥夺了。他们需要把一部分在自己土地中收获的劳动果实，上交给那些残酷的地主。

俄国想要成为一个现代化国家，就需要更多的资金来支撑它的管理。社会文明化的代价是很大的，国家收入不能有大的波动。鲍里斯明白，只有把农民束缚在土地上，这一切才能有保障，他们的劳作是这个国家繁荣的关键。农民阶级承担了国家文明化进程的重任，但是他们没有分享到这种文明化的成果。今天，游客到莫斯科就会发现，在克里姆林宫有一座高塔，高达二百七十英尺，是鲍里斯为纪念伊凡大帝而修建的；但是，这座高塔让人们记忆深刻的是鲍里斯创立的农奴制。

想要新的制度带来财富，但并没有像预期那样立即实现。国家收入比之前减少了。大批农奴从原属地逃到顿河流域自由的哥萨克公社。田地荒废，人们日渐贫困，最终导致了饥荒。逐渐地，不满和混乱蔓延到上层社会，利益的缩减使得他们对沙皇开始施加压力。

假德米特里

突然，传出一个谣言，就是伊凡雷帝的小儿子德米特里并没有死。他生活在波兰，且正带着无可争辩的证据来证明自己的身份。1604年，他穿越波兰和俄国的边界，成千上万不满鲍里斯的人都狂热地拥戴德米特里。在德米特里快到莫斯科的时候，鲍里斯就死了。德米特里进入莫斯科后，激动的人们把权杖放入他手中，把伊凡四世的王冠戴在他头上。在确认鲍里斯·戈东诺夫的妻儿都被掐死后，这个不可思议的冒牌货开始了他的统治。

一件不同寻常的事情发生了。一个无名无姓的投机分子和骗子被人们满含热泪地认为是伊凡和弗拉基米尔的儿子，甚至连伊凡雷帝的第七任妻子都把他当成自己的儿子。但是，德米特里没有足够的智慧去巩固自己通过狡猾得到的胜利。他的波兰妻子带着天主教的随从出现了，她将事件的发展推向了白热化阶段。神职人员被冒犯了，也被激怒了。五年后，德米特里被暗杀了，为了侮辱和嘲笑他，他残缺不堪的尸首被放在克里姆林宫。自此，俄国进入了另一段混乱时期。

瓦西里·舒伊斯基（Vasili Shuiski）是一个王公贵族中的头领，在他继任王位的短暂期内，出现了两个"假德米特里"，其中一个来自瑞典，另一个来自波兰。来自波兰的冒名顶替者受到了波兰国王的支持。波兰国王这么做，有其不可告人的目的，他想将混乱的俄国并入波兰，以克拉科夫为中心，建立一个伟大的斯拉夫帝国。

国家的混乱让一些王公贵族不安，他们开始与西吉斯蒙德（Sigismund）商谈，希望能把他的儿子推上王位。但是，当西吉斯蒙德率领入侵军队进入莫斯科时（1610年），瓦西里·舒伊斯基被关押到了波兰，波兰王子宣称加冕沙皇时，俄国觉醒了——不是贵族阶层的觉醒，而是信奉东正教的俄国人的觉醒。沉睡的民族情感和天生的信仰被唤醒了，也就是这股力量给一个民族提供了生命力，也使所有的阶级团结在一起，共同抵挡这场灾难。对俄国人来说，还有什么样的灾难会比被信仰天主教的波兰吞并更可怕呢？最终，波兰的入侵者和假冒者被赶出俄国，人们在莫斯科召开了盛大的国民大会（1613年），推选新的沙皇。

米哈伊尔·罗曼诺夫

罗曼诺夫（Romanoff）家族在历史上毫无犯罪污点，而且其母系祖先与高贵的留里克家族之间有血缘关系。近期被唤醒的爱国主义情结本能地表达着他们最高的期望，米哈伊尔·罗曼诺夫（Mikhail Romanoff），这个十六岁的少年被推选为沙皇。

1547年，来自罗曼诺夫的阿纳斯塔西娅嫁给了伊凡四世。几乎在同时，她的弟弟娶了一位苏兹达尔的公主，这位公主是亚历山大·涅夫斯基的兄弟的后代，而她也是米哈伊尔·罗曼诺夫的祖母，这一脉一直繁衍，最终成了俄国的统治家族。

13. 尼康的尝试与拉斯科尔尼克

时间的准备

一个帝国的建立需要两步——建立和摧毁。耕田的犁，如同铲除东西的铲子一样重要。鲍里斯之后的时期，对于俄国来说，就如同是耕犁发挥作用的时期，只是产生的利益比较遥远。但是，罗曼诺夫家族从此将是另外一番风景，不同于"旧俄罗斯"时期的基辅，也不同于"新俄罗斯"时期的莫斯科大公国，它是一个欧洲化的俄国。经过长时间的争斗后，这个混杂斯拉夫和一半亚洲血统的巨人将把隔离俄国和欧洲的墙推倒，并且挣脱自己的野蛮性，强制欧洲人与自己共享文明。

第一个去推动这堵墙的人是米哈伊尔·罗曼诺夫的孙子——被称为"彼得大帝"的彼得。但是，这项工作就像诸神手中缓慢转动的磨盘——特别是当诸神手上有重要的工作时。

1689年，在这位救星出现之前，俄国经历了三段平庸的统治。直到七十六年以后，俄国人才明白，一个残忍的暴君，戴着珠宝点缀的王冠，穿着华丽的长袍，坐在王位上，统治、威胁着未开化的民族，其实并没有如此的伟大。

米哈伊尔和他的儿子亚历克西斯（Alexis），以及孙子费奥多尔的统治为今后王朝的发展打下了基础，也为此做了改革。在此期间，出现了许多起义，对外战争以及靠近波罗的海和黑海的边境存在巨大的威胁。但无论怎样，俄国的国力还是日益提升，而险些消灭俄国的波兰却正在急速消亡。所以，欧洲的统治者们开始觉得和俄国结盟会给他们带来利益。瑞典国王古斯塔夫斯·阿道夫（Gustavus Adolphus），一位新教的拥护者，他以雄辩的口才，说服沙皇和他联盟，一起攻打信奉天主教的波兰——"难道天主教教徒不是我们共同的敌人吗？难道我们不是邻居吗？当邻居的房子着火时，为了谨慎，难道不应该帮他灭火吗？"1681年，来自波兰附属国同时也是波兰在东南部的主要防御力量的哥萨克人倒戈投靠了俄国，这让波兰遭受了严重的打击。

哥萨克人及尼康的改革

哥萨克人是斯拉夫民族的一个分支，毫无疑问，他们体内流淌着亚洲血液。在鞑靼人的语言里，哥萨克是"海盗"的意思。他们长期生活在被称为小俄罗斯的顿河和第聂伯河流域，是一个自由而多难的部落。由鞑靼和波兰入侵后逃难到这里的俄国人、在农奴制实施后流亡的农民和其他流放于此地的人组成。这样一个军事团体，它的构成方式是纯粹自由化的。自由和独立是他们的首要需要。他们的海特曼（Hetman）或者说他们的首领，只有一年的任期，且每个人都可以争取获得首领的位置。他们骑术精湛，他们英勇无畏，他们吃苦耐劳，随时准备为鞑靼可汗、波兰国王或者俄国沙皇卖命。事实上，他们曾是生活在南方和东方的挪威人，而现在他们是俄国强悍的骑兵。

哥萨克人长期以来分为两类人：一类是"第聂伯河流域的哥萨克人"，与波兰的联系不紧密；另一类是"顿河流域的哥萨克人"，被俄国的专制君主统治着。这些无畏的哥萨克人在抵御土耳其人和鞑靼人方面发挥了重要作用；就像前面提及的西伯利亚事件，他们为了弥补自己犯下的错误时常会带回意外的礼物。波兰国王犯了个愚蠢的错，他尝试改变第聂伯河流域的哥萨克人的信仰，他派遣天主教传教士去他们中间，并且下令以严厉的手段摧毁他们的精神思想，强迫他们成为虔诚信奉天主教的信徒。波兰国王的举动，注定要失败。1681年，所有第聂伯河流域的哥萨克人转而效忠沙皇，接受了俄国的专制统治。就是因为这一事件和冗长的战争，胜利的天平逐渐倒向了俄国。

在米哈伊尔统治时期发生了一件最重要的事，尼康大主教尝试在地方建立一个类似西方教皇的政权，这个政权在许多方面都使俄国的教会朝天主教会模式发展。这次尝试的目的是将沙皇推选为思想统治者，但是因为诸多反对而被搁置了——这些信奉东正教教派的人被称为"拉斯科尔尼克"（Raskolniks）。

米哈伊尔之死

1645年，米哈伊尔去世，他的儿子亚历克西斯继位。这位新上任的沙皇派使臣给英国的查理一世送信，告知他自己已继位成为沙皇。但是不幸的是，那位带着沙皇信的使臣前去英国的时间并不合适，查理一世正陷于生死斗争中。俄国的使臣不理解这种情况，他傲慢地拒绝与国王以外的任何人接触。使臣受到了上议院的礼待，有些诧异，但他还是说："我的沙皇派我前来送一封重要的信，我要亲自交给你们的国王查理一世。但是，我到英国这么久为什么一直不被允许觐见你们的国王，也不被允许送信给你们的国王！"尴尬的英国王公回复说，他们会回信解释他们这么做的理由。当查理二世告知沙皇，他处死了他的父亲时，沙皇表示不能理解。他立即下令禁止除了天使长（Archangel）①外的英国商人居住在俄国，然后派人给查理一世流亡的儿子送金银财宝。

---

① 天使长：宗教传统中的天使。——译者注

亚历克西斯及费奥多尔

关于亚历克西斯和他的第二任妻子娜塔莉亚（Natalia）的婚姻，有一段趣事。当亚历克西斯正在和自己的一位波雅尔吃饭时，他被一个伺候他们用膳的女孩吸引了。女孩没有母亲，被叔叔收养，也就是这位波雅尔。随后，他对自己的波雅尔说："我为娜塔莉亚挑选了一个丈夫。"这个丈夫就是他自己，娜塔莉亚嫁给亚历克西斯，随后生下了彼得大帝。娜塔莉亚是第一个在产子的时候掀开遮挡的帘布的王后，她允许人们看自己的面容。因为她在叔叔家接触过很多欧洲人，她的思想受到了潜移默化的影响。毫无疑问，她也会对自己的幼子彼得逐步灌输改革的思想，使其在彼得的大脑里发酵。

这段统治最重要的事件之一是一个被称为拉斯科尔尼克的狂热教派的发展越来越快。这个教派的人或是对俄国新教持异议者，或是不墨守成规的人。自尼康大主教时期，这个教派就存在了——他们认为尼康在宗教方面的举动亵渎了神灵。早在1476年，就有类似于这种新教派的萌芽，一些勇敢的、思想先进的改革者，需要宽恕自己灵魂的罪孽时，就开始歌颂"哦，上帝，仁慈一点吧！"而不是"上帝，仁慈一点吧"，并且，他们说两遍"哈利路亚"而不是三遍。在亚历克西斯统治时期，人们逐渐背离从启示中悟出信仰，对此官方认为是正确的。来自他国的离经叛道者，在神圣的莫斯科都是被容忍的。1666年，人们对他们的描述是"大批野兽"。这就预示着，世界末日即将来临。末日的开端就是拉斯科尔尼克的建立，现在他们已经发展到一千万教众了，对于保守的斯拉夫人来说，这个教派很难对付。

亚历克西斯逝世后，他的长子费奥多尔于1676年继位。在费奥多尔短暂的统治期间，只有一件意义非凡的举措需要提及——摧毁家族族谱。大家族中纷争不断是由于继承地位优先权的问题，没有一个人会接受自己的地位比自己祖先的低，也没有人会接受比自己血统低的人来统治自己。费奥多尔下令将家族族谱送到他那里，以便于查阅，当他拿到家族族谱后，就把它们丢进了火中。这可能是他做的最后一件事了，因为焚书的时间和他逝世的时间都是1682年。

14. 彼得与欧洲文明

摄政索菲娅

俄国的历史注定有一篇要被命名为"大灾难时期"。在这片疆域上，哪一个时期没有灾难呢？无论是历史学家还是读者都对如此漫长的混乱和灾难厌烦了。但是，尚未有一章是描述和平与宁静的。亚历克西斯死后留下了两房子嗣，一个是和他第一个妻子组成的家族，另一个是和娜塔莉亚组成的家族。由于时间有限，我们就不详述亚历克西斯的第一个妻子生下的女儿索菲娅是怎么一步一步掌权，并站在她羸弱的弟弟伊凡和她同父异母的弟弟彼得的权力后的。索菲娅是一个有抱负、有主见、意志坚强的女性，她敢于与俄罗斯传统的政体抗争，并且把自己从中解放出来。

我们经常听说的多棱宫是女沙皇和公主们居住的地方，在这个地方没有人见过她们。如果她们需要召唤御医看病的话，御医会通过一片薄纱为她们把脉诊病，但是永远看不到她们的脸。据说，某天有两个贵族偶然遇到了从小教堂出来的娜塔莉亚，于是他们就被剥夺了爵位。

多棱宫的"二十七道锁"锁不住彼得的姐姐。她出现在公共场合与男子四目相接，并仔细观察，然后从中挑选出人才为己所用，逐渐瓦解彼得和他母亲的权力，确保自己成为实际的统治者。曾经有谣言说，愚笨的伊凡（实际没死）被娜塔莉亚家族勒死了，这个谣言引起了一片骚乱，彼得的叔叔砍下了娜塔莉亚的一只胳膊，并剁成了碎片。这仅仅是可怕的悲剧中的一个小小的插曲而已。当有人发现伊凡王子没有死后，宫廷内又掀起了血雨腥风，随后索菲娅站在了两个弟弟身后成了摄政王。由于索菲娅蔑视传统习俗，因此引起了人们的愤怒。她与大臣戈利岑之间的关系成了一段丑闻，且与土耳其人在克里米亚半岛战役中的失败让她失去了民心。

彼得一世

在此期间，彼得逐渐长大。虽然彼得没有接受过专人训练，也没有接受过教育，但他按照看似目无法纪、杂乱无章的风格长大成人，他反应敏捷、聪慧异常，具有极其强烈的求知欲和火爆、专横的脾气。鼓和剑是他得到的第一份玩具，他第一次接触到的历史读本是德国的彩印书。在他成长的过程中，他孜孜不倦地读着关于伊凡雷帝的记载。他最高兴的事是到莫斯科的大街小巷听一听来自他国的商人说一些自己国家的习俗。他和自己的同伴一起扮演士兵，当他知道了德国和英国的情况后，他就以欧洲的方式训练自己的童子军。当他看到他国建造的大船能够逆风而行的时候，他内心有什么东西苏醒了。于是，他不眠不休地钻研怎么去操作，直到他学会其中的精髓。这个怪异、充满活力而又固执的男孩在十七岁时意识到了自己的姐姐正在谋划除去他和他的母亲。在彼得和索菲娅的关系破裂后，人们抛弃了索菲娅，转而拥戴彼得。彼得将索菲娅流放到一个修道院，在修道院里索菲娅又密谋筹划了多次，但最终无果，直至十五年后，在那里逝世。于是，彼得和他不幸的兄弟一起开始了自己的统治（1689年）。

如果说索菲娅摆脱了公主们传统的隐居生活的话，那么彼得从宫廷的繁文缛节中获得了自由。他们二人都引起了非议，被俄国人视为可耻。索菲娅和士兵激情高昂地交谈，且扔掉了自己的面纱，而彼得像一个木工一样挥舞着斧子，像哥萨克人一样划船，或者和自己的马夫模拟一场战争，即使彼得经常被他们打倒。1693年，彼得找到了一件自己特别渴望做的事情。他带着大批随从去了大天使教堂。这是他第一次作为一个沙皇看到了一片海域。他与外国商人同吃同喝，呼吸着来自西方振奋人心的空气。他修建了一个码头，当第一艘船建造好之后，他在那片不知名的海域进行了多次危险的旅行，虽然那片海域将俄国与外界的来往给隔绝开了。至此，彼得迈出他建立海军的第一步，但是目前这还不能实现。彼得只有从土耳其人手中夺回克里米亚半岛的亚速海，才能为自己的海军提供基地。因此，他带着自己的军队，凭借自己从欧洲学来的军事策略——即使没人相信，集结了哥萨克人，发起了第一次进攻。然而，第一次出兵，他就战败了；紧接着，他换了一个新的战术，最终，大获全胜。当胜利的军队班师回莫斯科（1676年），并穿过拱门的时候，人们献上了鲜花和掌声。三千个俄罗斯家庭派往亚速海去开拓，那里有哥萨克人和保卫团，建立一支海军，彼得势在必行。

建造海军

一支海军应该有九艘船，二十艘护卫舰，并且携带五十门大炮，以及轰炸舰队和燃料补给舰队，这些需要大量的资金。此时，之前实行的农奴制的效用就显现了出来。教士和修道院也得交税——一艘大船需要八万个农奴去建造——根据财富的多少，无论其爵位的高低，都得按照相应的比例交税。辛辛苦苦耕种的农民们从未想过他们正在为伟大的沙皇打造一支庞大的海军。然后，彼得派遣了五十名年轻的贵族去威尼斯、英国和荷兰学习造船技术、航海技术和枪炮制造技术。但是，他怎么能确认这些闲散的年轻人了解这些科学知识呢？除非，他自己学会且比他们知道得多。于是，他开始了他的学习之旅，去实现他游览西方王国的梦想。

当俄国人欢庆战胜了土耳其人的时候，大家对于新事物又都会产生一种厌恶感。对于民兵组织来说，他们不满于外国人受到重视和奇怪的训练方式；对于贵族来说，他们不满于自己的孩子被派遣到外国，让他们像商人一样学习如何做生意；对于地主和教士来说，为了装备庞大的海军舰队，他们承担了沉重的税负。一场涉及所有阶层的起义逐渐拉开了序幕。

　　索菲娅虽然在修道院，但她暗中和自己的心腹联系，并且精心谋划，打算推翻彼得和他的改革。一天晚上，沙皇去参加一个宴会，会见一群女士和绅士，有人告诉他想向他禀告一件很重要的事情。他立即找了个理由离开，去了约定的地点。他到达那里之后，坐下来和那些绅士一起吃晚饭，假装完全不知道他们的阴谋。突然，沙皇的卫队出现，冲进房内，把所有人逮捕了。然后，沙皇又回到宴会，就好像什么事情都没有发生一样。第二天，被逮捕的人在酷刑之下招供出了阴谋，并将此事推到外国人身上，目的是激怒沙皇，从而对欧洲人进行大屠杀。主谋先是被肢解，然后被分尸，他们的四肢被放在城市最显眼的地方，其余同谋，除了他的姐姐索菲娅外，都被流放到了西伯利亚。

　　通过这件事，彼得吸取了经验教训，1697年，他开始了自己奇特的旅程——追求社会文明的艺术！

　　随行使臣有两百七十人，其中有一个二十五岁的年轻人，他自称彼得·米哈伊洛夫（Peter Mikhailof），几周后，他将在荷兰的赞丹穿着一身工人的衣服，满身灰尘，满脸汗水，学着造船技术。这就是俄国沙皇第一次为欧洲人所知。长期以来，欧洲人听说的沙皇是一个独裁的统治者，一个出现在故事中的野蛮暴君。现在，他们看到了活生生的沙皇，他们难以描述这不可思议的场景。在他与普鲁士的候选人索菲娅，也就是后来普鲁士的第一任女王一起进餐后，索菲娅写下了对他的描述："他有天生的智慧。他的优势本可以让他成为一个有涵养的人。很可惜，他的举止太过粗鲁。"

彼得一世震惊欧洲的事迹

但是彼得并不在意自己给别人留下的印象。因为彼得有强烈的求知欲和对一切事物的好奇心，所以他醉心于探索这些国家强大的秘密。没有什么是他不探究的，餐具制作、制绳、造纸业、捕鲸业、外科、显微镜等。他雇佣了艺术家、官员、工程师和外科医生，他看到某个事物的模型时，他就会买下。他对牙医制作的工艺产生了浓烈兴趣，然后将牙医带回自己的住所，让他教自己怎样使用那些工具，随之在自己的随从身上实验学的新东西。

在海牙，彼得忍受了一场盛大的公开招待，招待会一结束，他就脱下了自己的金边大衣、假发、帽子和白色的羽毛，急忙离开，然后在尘垢和灰土中，观摩磨坊、渡船和灌溉机器。在阿姆斯特丹（Amsterdam）①街上，他遇到一个女士戴着一块上釉的表，彼得对她大叫"停下"，然后把她的表拿过来研究，又一声不响地还给她。有个绅士戴了顶样式新颖的帽子，他直接从他的头上抓下来，里里外外翻了翻，最后因为不喜欢帽子的构造，就把它随手丢到了地上，离开了。

　　或许，当荷兰人听到这个不速之客将前往英国时，一点也不想挽留他。在英国，彼得掌握了造船技术的基本原理和技巧，这几个星期学的比在其他地方一年学的还要多。当彼得来到伦敦时，国王威廉三世给彼得准备了一个欢迎舰队，还把他安置在一个宫殿内。在去英国的路上，彼得遇到了一场暴风雨，但是他很享受，还幽默地说："难道你听说过沙皇在北海迷路吗？"英国人对彼得的惊讶不亚于荷兰人，但是，欧洲最聪明的君主威廉三世所诧异的是彼得灵活的思维以及他思想中的创新性。睿智的伯内特主教对彼得描述道："他更适合做一个木匠而不是一个帝王，他告诉我，为了攻打土耳其，他打算建造一支庞大的舰队，但是在我看来，他并没有这个能力去建造如此庞大的舰队。"从这段描述来看，伯内特主教的思想与彼得的思想有较大的差距，而且还很好地说明了，当代对天才不恰当地评估，或者说，普通大众全面而完整地评估天才，在每一个时期都是一件很难的事情。这个主教还说，他很高兴上帝让这么一位如此易怒的人来统治这个世界的一部分。路易

---

① 阿姆斯特丹：荷兰首都。——译者注

十四将彼得的拜访推后了，于是他准备拜访完维也纳，就前往威尼斯。但此时，他收到了国内令人不安的消息，这些野蛮的改革者竟然觊觎莫斯科。

国内蔓延着不满的情绪。民兵组织叛变了，被沉重赋税压制的地主暴怒了，人们对德国流行的服装和剃掉胡子的脸感到厌恶。智慧的伊凡四世曾经说过："剃掉胡子是一种罪行，是用所有烈士的血也不能清洗掉的罪过！"又有谁见过莫斯科沙皇离开神圣的俄国去土耳其人和德国人的土地上游荡？后来有谣言说，彼得乔装打扮去了斯德哥尔摩（Stockholm）①，被瑞典女王抓住，然后被装进了一个木桶丢进了大海，不过，那个沉入大海的人是彼得的守卫。许多年后，仍旧有很多人相信，在1700年返回俄国的那个彼得是假的，而真正的沙皇还被关在斯德哥尔摩。索菲娅写信给民兵组织的人："你们遭受了苦难，但是你们还会遭受更多的苦难。你们还在等什么，进攻莫斯科啊！沙皇已经没有音信了。"军队被告知沙皇已经死了，波雅尔谋划把彼得年幼的儿子亚历克西斯杀死，重新掌握大权。成千上万的反叛军队从亚速海出发，涌入莫斯科，谣言又说，把抽烟和剃胡子的习惯引入俄国的外国人，那些为了摧毁俄国神圣信仰的德国人筹谋占领这座城镇。彼得回来后发现，俄国陷入了反叛者和暴动者手中。于是，他下定决心要给这些人一个永生难忘的教训。他要让那些守旧的俄国反叛者知道他

---

① 斯德哥尔摩：瑞典首都。——译者注

的厉害。他以一种残酷的方式，并让他们深深地回想起曾经的伊凡雷帝。

在彼得回朝的那天，在场的贵族就像以前那样都低下了头。在对他们礼貌性地打过招呼后，彼得下令，所有人都必须立即剃掉胡子。因为剃胡子是他在国外练习过的一种技艺，他已经拿自己长长的胡子做过实验了，并且已经技术娴熟。主教试图平息沙皇的盛怒，但沙皇回答他："要知道，我和你一样尊敬上帝和上帝之母。但是你也应该知道，我必须保护我的人民，也必须惩罚反叛者。"惩罚足够配得上伊凡雷帝的名号。惩罚的细节可怕到让人不敢回想，我们查阅到相关资料的时候，内心也是不敢相信的——"这个恐怖的赞丹木匠，挥舞着他的斧子，整个人处于一种可怕的工作状态"——仅是最后一天，彼得自己就杀死了八十四个民兵组织的人，并强迫他的波雅尔一起行刑，以此加深他们对惩罚的恐惧。

15. 查尔斯十二世

查尔斯十二世

波罗的海在当时是瑞典的一个海域。俄国人和德国骑士团曾经争夺的芬兰、利沃尼亚和东海岸的大部分领土，在当时都归瑞典管辖，他们没有经验、年纪轻轻的国王继承了父亲查尔斯十一世的王位，是这里最高的统治者。如果彼得想打开通往西方的窗户，那他就一定得穿过瑞典这堵阻碍他的墙。当时的利沃尼亚正在遭受瑞典巨大的伤害，狡猾的利沃尼亚部长帕特库尔（Patkul）向波兰国王建议，应该与丹麦和俄国结盟，攻破北部斯堪的纳维亚人的压制性的力量。当时的瑞典正处于混乱状态，年轻的君主没有治国经验。刚从国外学习回来的俄国沙皇在莫斯科处理民兵组织造成的混乱，他觉得这次合作正好是自己想要的机会，于是加入了这次结盟。

纳尔瓦战役

在纳尔瓦（Narva）[1]战役中（1700年），发生了两件令人惊讶的事情：一是彼得发现自己根本不擅长打战；二是查尔斯十二世听说的彼得非常有军事天赋，天生就是一个征服者。战争死伤无数，但这个这个经验没有丢。第二年，俄国取得了一些小型战役的胜利，他们缓慢地接近波罗的海，最后抵达纳尔瓦，并将纳尔瓦变为彼得的囊中之物。彼得没有浪费时间，他亲自监督修建了一个城堡和一座教堂，将它们定为城市的中心。今天，我们在圣彼得堡还能看到一个小房子，彼得在那里将这里定为俄国的首都（1703年）。把这个地方定为帝国之都似乎是一个疯狂的事，不仅仅是因为它位于边界，重要的是这里是低洼的沼泽地，易受到海水的侵蚀，土地只有一半露出水面；加之因其所处的纬度位置较高，一年中约有两个月是没有黑夜，两个月是太阳九点以后才升起，但三点之前就落下了。彼得在那儿不仅要建立一个城市，还要改造城市的架构，据说自圣彼得堡建立以来，已有六百多英亩[2]的土地是填海开垦而来的。

查尔斯十二世花费了太多时间在微不足道的事情上。他传话说，待他有空时将到彼得的木制城镇去，把它给烧掉。他把叛变的帕特库尔斩首了，然后率领无可匹敌的军队进攻波

---

[1] 纳尔瓦：爱沙尼亚东北部的一个城市。位于纳尔瓦河左岸。——译者注
[2] 1英亩≈4046.86平方米。——译者注

兰，且势如破竹。在西班牙王位继承战斗中，伟大的马尔伯勒（Marlborough）^①被指控与其他军队一起对抗路易十四。查尔斯沐浴在胜利的喜悦中，他觉得欧洲的命运掌握在他的手中了，他下一步要做的，只是决定往哪个方向走——向西去阻止路易十四的野心，还是向东执行他粉碎新崛起的独裁者的第一个计划。他偏向于后者，但是选择从北部进入俄国，还是绕道波兰从已经统治的区域进攻。查尔斯大概听说，在俄国的少数哥萨克人已经失去了耐心，正准备起义反抗沙皇，所以他改变了一下原本的计划。

彼得对查尔斯发起的入侵非常谨慎。他对可怕的瑞典军队十分欣赏的同时，对自己的军队没有太大的信心，国内混乱的局面更是雪上加霜。彼得传话给查尔斯，说如果他能得到波罗的海的一部分，他将心甘情愿撤离西部。查尔斯傲慢地回复道："告诉沙皇，我到莫斯科再与他商议。"对此，彼得答复道："查尔斯兄弟想扮演亚历山大的角色，但是他将发现我不是大流士（Darius）^②。"

伊凡·马泽帕

伊凡·马泽帕（Ivan Mazeppa）是当时哥萨克人的头领或者说盖特曼，假如没有他，查尔斯十二世辉煌的战绩里也不会有

---

① 马尔伯勒：英国的统帅。——译者注
② 大流士：波斯帝国的君主。——译者注

惨败的记录。马泽帕是一位波兰绅士，曾作为素材出现在拜伦和普希金的诗中，霍勒斯·韦尔内（Horace Verne）也曾在自己的画作中以此作为主题作画。这个活生生的背叛者，经常骑在相信他的人们的脖子上，一次又一次地背叛他们的友情，最终他的声名到了臭名昭著的地步。沙皇极其信任马泽帕，但凡有人质疑他的忠诚，沙皇就会把那个人流放或者赐死。但是他却企图瑞典征服者能将光辉事业能给予他，想着在查尔斯十二世手下会比在粗暴、专横的彼得那里得到更高的地位。于是，他背叛了沙皇。他写信给查尔斯国王，说他可以带四万名哥萨克人投靠他。他认为，将愤怒的哥萨克人从沙皇统治下带走，是一件轻而易举的事情。因为在新的政权统治下，他们桀骜不驯，而且法令还禁止他们接收任何逃脱农奴制的农民。可是，马泽帕低估了哥萨克人的忠诚，也高估了自己。

就是这个永远也不会实现的允诺，将查尔斯推向了深渊。经过一场旷日持久的战役，1709年在波尔塔瓦（Poltova）[1]，查尔斯惨败。他和马泽帕及其同伴一起逃到了苏丹的统治区，而他们率领的、让欧洲为之颤抖的军队已经全军覆没。

波罗的海迎来了一个新的统治者。"这扇通往西方的窗户"现在变成一道门了，而打开这道门的钥匙在俄国人的手中。在古斯塔夫斯·阿道夫、查尔斯十一世和查尔斯十二世的统治下的瑞典，有过一段光辉时期，但是那段时光再也回不去

---

① 波尔塔瓦：乌克兰的一个城市。——译者注

了。它们现在已经被新的、更强大的力量控制了。俄国打破了瑞典建立伟大的斯堪的纳维亚帝国的梦想，在长时间被排斥、羞辱后，终于以一个胜利者的姿态加入了欧洲大家庭中。

沙皇通过一系列的改革、创新证明了自己的政治才能。伯内特主教曾经认为，沙皇更适合做一个技术人员，而不是一个王公贵族。就是这样一个人，一个被认为没有能力管理一个国家的人，他的政治才能却没有一个统治者比得上。

查尔斯十二世，被认为是"斯堪的纳维亚埃达（Edda）①中的英雄，但是生错了时代"。据说，他是最后一个维京人，也是最后一个瓦兰吉人王公。在马泽帕将要死去的时候，他说："我怎么能在晚年的时候，被一个军事流浪汉唤使呢？"

彼得和凯瑟琳的婚姻

1696年，彼得体弱多病的兄弟伊凡去世，从此结束了两人共同执政的时期，对彼得有牵制性的最后一个障碍也没有了。十七岁的时候，彼得迎娶了来自一个俄国保守的贵族家族的欧多西娅，但是他从未爱过她。当她用鄙视的口吻反对彼得的改革时，他就从内心深处厌恶她。当彼得在亚速海取得胜利后，他下令，当他返回莫斯科时，皇后禁止待在宫廷内。不久之后，欧多西娅被迫和自己的儿子亚历克西斯分开，然

---

① 埃达：中古时期流传下来的最重要的北欧文学经典。——译者注

后她被安置在一个修道院，最终两人以离婚收场。在利沃尼亚马林堡投降时（1702年），在俘虏中，路德教会格鲁克家族的一个女孩引起了人们的注意，这个年仅十六岁的女孩叫凯瑟琳（Catherine），她是这个家族的仆人，刚与一个瑞典军人完婚，但是，她的丈夫在战争中阵亡了。我们要了解的是她背后的浪漫故事，而不是这个侍女。彼得的将军缅希科夫（Menschikof）被凯瑟琳的美貌吸引，于是决定保护她。但是，当沙皇为这个女孩不加修饰的单纯而狂热的时候，她就被转送给沙皇，沙皇对她倾注了更多的爱护。凯瑟琳未曾想到，她在格鲁克的厨房里为自己的亡夫伤心流泪的时候，她实际上正一步一步走向俄国权力的巅峰，这就是她的命运。即使她连自己的名字都不会写，但她知道谁对自己好，她知道怎么抓住彼得的心。1707年，彼得与凯瑟琳秘密结婚了。

16. 俄国步入文明时代及彼得逝世

与土耳其人的战争

当彼得在波罗的海吞并大片土地，且疯狂地建造自己的新城市时，查尔斯十二世依旧躲藏在波兰。土耳其人内心极度想夺回亚速海，鞑靼可汗想要报复俄国，于是，1710年，在查尔斯和可汗的唆使下，苏丹人向俄国宣战。

对于俄国人来说，这似乎回到了曾经辉煌的时代，他们的沙皇沿着先祖大公的脚步，率领着一支庞大的军队，从异教徒手中把斯拉夫民族解救出来。在与苏丹人的战争中，彼得带上了凯瑟琳，以便陪伴他左右。但是，前景原本十分美好的伟业，却出现了预料之外的灾难和痛苦。当彼得卧床不起时，他率领的两万四千人的军队要面对超过二十万的鞑靼人和土耳其人的挑战，这些人在得力干将的率领下，听从查尔斯十二世的指挥。这可能是彼得一生中最黑暗的时候，他的人生可能要被毁灭了，似乎没有什么奇迹能够拯救他。有人建议彼得，从苏丹贪财的大臣大维齐尔下手，因为相对于胜利，他更爱金银财宝。于是，彼得凑了十几万卢布，凯瑟琳也将自己的珠宝拿了出来，闪亮的珠宝以及金灿灿的黄金发挥了它们的作用。大维齐尔同意签订和平条约（《普鲁斯条约》），他还附加了两个条件：其一，确保查尔斯十二世毫无阻拦地返回瑞典；其二，彼得必须放弃亚速海。然而，放弃亚速海、舰队以及通往南面的出口，让彼得内心非常痛苦。虽然换取和平的代价是惨重的，但也是受人们欢迎的。在这场战争中，凯瑟琳也因此获得了彼得长久不衰的爱和世人的感激。

改革

现在，沙皇将注意力放在了改造人民的任务上。在面对他时，人们不用再跪拜，也不必再称自己为"奴才"，而要称"臣"，要像正常人一样在他面前站得笔直；亚洲式的长袖衣服和胡须被抛弃；上了"二十七道锁"的多棱宫必须被打开；隐居的妻子和女儿必须出入厅堂，学习欧洲人的穿戴；不再强制结婚，订婚的夫妇在婚礼之前可以见面。

如果说培养一个野蛮的人成为文明人是一件困难的事情的话，那么让数以万计的人穿上他们憎恶的体面衣服就成了一件不可能完成的事情。在这之前，从未有过一种能够彻底改变整个民族日常习惯的社会组织，而且还产生那么大的影响。发动这次改革的人必须要有钢铁般的意志和强硬的手段才能执行改革措施，就像那个形象的比喻，俄国是被鞭笞着接受社会文明。彼得还建立了一个特务机关来监察改革成效，每一项改革都伴随着鞭子和流血。这个非凡的男人把一个沉闷、愤怒的民族拖上了进步的道路，并倾尽自己的一生去完成在其他国家花了几百年才完成的文明化。彼得要确保的是，在俄国不存在能与他抗衡的权势，就像天空只能有一个太阳。在彼得祖父统治时期的尼康主教改革后，主教的权力被削减，现在主教直接被废除，由彼得任命的主教工会承担大主教的职责。缙绅会议的人员变更也须自己任命。民兵组织被消灭，哥萨克军队的盖特曼或首领被撤职，一个杰出的军队代替了它们。想要成为贵族就意味着要付出服务，每一个贵族想要保住自己的领地，就必须服务于国家。假如某一个贵族不能说外语或不会写的话，那么他将被剥夺与生俱来的权力。这就是彼得在自己的土地上，与慵懒和无知斗争的方式。国家有了新的更加自由的政府组织；公民的权力逐渐变大；学校机构也被修建起来；债务人要承担的可怕惩罚也被取消。彼得通过改革想要提高人们的整体水平，创建一个现代社会的伟大高原，在这个高原上人人平等，只有自己高高在上，不可侵犯。

如果彼得的这次尝试是不可能实现的，是违背天性的，如果他用疯狂的手段创造现代化的国家违反了社会发展的规律，那么怎么做才可能使俄国变得更好呢？俄国需要花多长时间才能成长为拥有现代化文明的国家呢？如果不是强硬的手腕、聪慧的头脑及向欧洲国家学习，如果不通过这样一个似乎荒诞的方式，俄国将是何种模样，它将如何从一个亚洲国家转变为一个欧洲国家呢？

农民的自由被束缚在了土地上。他们强迫农民成为自己公社的农奴，不然就会被当成流浪汉一样对待。在这一点上，彼得受到了谴责，他的改革没有涉及公社，也没有消除影响他们生活的宗法制度，这个制度与他创造的文明是如此的格格不入。但是，笔者认为，彼得对改革宗法制度选择了本能的忽视，这种本能是存在于斯拉夫民族中的。彼得和他之后的统治者都借助国外的统治模式来统治国家。自留里克时期开始，俄国的管理和统治方式都是参照国外模式。相对于他的祖先们，彼得至少选择了一个更好的参照模式。如果说在一个社会组织形式属于十一世纪的基础上，去建立一个现代化的、文明化的十八世纪的国家是一个明显的错误的话，那么只能说，当时的专制者有着超出时代的理念。这对于俄国来说，是不是一次革新呢？在将来某一天，这股革新风潮会不会激发农民心中的本性，打破他们思想经历上千年沧桑仍然存在的愚昧呢？

亵渎神明的变化

一些由自由农民和小商人组成的拉斯科尔尼克中，有的人为躲避迫害和撒旦的统治逃跑了，有的人逃进了哥萨克人的领地，还有更多的人逃到森林里去了。对他们来说，他们得到的启示越多，对时代的怨恨就会越多。撒旦已经被释放出来有一段时间了。他们一直寻找的反对基督教的那个人出现了，他就是拥有撒旦精神的彼得大帝。他们不知道如何解释一个俄国沙皇的行为是这样的不敬，但他们知道他是经过伪装的恶魔。难道在彼得最新发明的人口普查中，他没有"给人们编号"吗？这种行为是对神的背叛。他最新采用的"日历"把九月变成了一月，这种行为难道不是撒旦要偷走上帝的时间所使用的诡计吗？他的新头衔"最高统治者（沙皇）"，难道不是恶魔的发音吗？他下令刮胡子，是为了毁灭上帝的形象，在审判的时候，上帝该怎么辨识他的人民呢？

这些人就像野兽一样，他们生活的公社是野蛮的，他们宁愿死去也要捍卫用两个手指，而不是三个手指画十字架，甚至有两千七百人在他们避难的教堂里自焚。彼得终止了他们的自虐。他们被允许住在城里，也被允许使用古老的宗教仪式，他们只需要交双倍的人头税，就可以继续留胡子。

现今，依旧有上百万的拉斯科尔尼克人认为，"新俄罗斯"是邪恶的产物，沙皇是反基督教的人。他们假装屈服，为沙皇祈祷，但在私下里，即使是一个异教徒碰过的门把手，他们也会把它丢掉。对于斯拉夫这个保守派的问题，自米哈伊尔·罗曼诺夫统治时期开始，就是每一任沙皇必须面对的问题。

对俄国人来说，最令人憎恶的改革是将首都从莫斯科迁到圣彼得堡。这一举动侵犯了这个民族最神圣的情感，许多人甚至私下里盼望，有一天彼得能消失，他们能回归最初的信仰。在这般严峻的形式下，圣彼得堡还是成长了起来，被建造得十分辉煌，石头代替了木材，它不会像莫斯科一样可能成为大火的牺牲品，这在俄国还是第一所石造城市。伟大的涅夫斯基已经躺在承载着他名字的教堂里，圣彼得堡大教堂已经成为以后历代沙皇的安葬之处。彼得的宫殿是模仿凡尔赛宫（Versailles）①建造的，在他举行的宴会上，羞涩和尴尬的女士们穿着她们的新装，引进的欧洲舞蹈也不理想。1712年，彼得计划访问巴黎，有两个目的——政治联盟和联姻。他热切地希望将他的女儿伊丽莎白嫁给法国年幼的国王路易十五。虽然最后一个目的都没有达成，但有趣的是，他现在给人的形象和十二年前已经大不相同。圣西蒙（Saint-Simon）②曾如此描述彼得："他的举止是最威严、最骄傲和最庄重的，同时也是最不让人觉得尴尬的。"但是，从他拜访曼特农夫人时的举动来看，彼得依旧是一个奇怪的人。当时曼特农夫人患病在床，不能接待彼得，但是彼得径直走进曼特农夫人的房间，掀开床帏，毫无掩饰地盯着她看，而曼特农夫人也一时无言，只能不高兴地瞪着他。就这样，两个历史人物相见了，然后又分开了。彼得这么做的原因可能是出于好奇，好奇是什么样的女人让路易十四神魂颠倒，还能影响他的政策。彼得不想让自己的

---

① 凡尔赛宫：法国巴黎著名的宫殿之一。——译者注
② 圣西蒙：法国作家。——译者注

妻子受到这个聪明的法国女人的批评，所以为谨慎起见，彼得此行就把她留在了俄国。

叛国者亚历克西斯

查尔斯十二世于1718年逝世，在1721年，俄罗斯与瑞典之间恢复了平静。然而，最令彼得悲伤的是，家中的内斗。他的儿子亚历克西斯对母亲的命运心怀怨念，受他母亲的影响，他变成了一个郁郁寡欢、脾气差而又执拗的年轻人。即使彼得尽力对亚历克西斯谆谆教导，但还是白费了一番功夫。亚历克西斯的母亲可能是彼得改革的阻力，但彼得还是想让亚历克西斯继承自己的王位。亚历克西斯与自己的母亲欧多西娅保持紧密的联系，虽然身在修道院，但欧多西娅还是像沙皇皇后一样，身边围绕着一群阴谋诡计、愤愤不平的贵族，他们都希望彼得死去。彼得采取的各种方法，都没有改变儿子的想法。1717年，彼得出访期间，亚历克西斯突然消失了。沙皇的特使托尔斯泰（Tolstoi）经过长时间的寻找后，找到了亚历克西斯，并劝服他回去。对于彼得来说，有一个让他难堪的事实，他的儿子不仅固执己见，还是一个叛国者，而且以主谋的身份策划了一场阴谋，他与国内外的敌人保持着紧密关系，甚至将彼得的利益出卖给德国人和瑞典人。

彼得逝世

欧多西娅唆使亚历克西斯等彼得一死（她一直祈求上帝赶紧让这件事发生），就立刻继承王位，并把首都迁回莫斯科，恢复原来旧的制度，放弃位于波罗的海的领地和还未组建成功的海军，以及他父亲热爱的圣彼得堡。也就是说，亚历克西斯要把他父亲统治期间创造的所有成果全都丢弃。这一罪行引发了严重的惩罚。欧多西娅被秘密地关押起来，被鞭打，她的三十个心腹被一一屠杀。供认不讳的亚历克西斯经过以缅希科夫为首的特别法庭的审判后，被判处死刑。

1718年6月27日的早晨，沙皇在九位大臣面前，传唤了自己的儿子。可是发生了什么事情，九位大臣都闭口不言。但是在第二天，沙皇宣称，他的儿子亚历克西斯逝世了。人们认为亚历克西斯是死于鞭笞之下。

不过，接下来谁来继承王位就成了一个非常严肃的问题。亚历克西斯曾经被迫与来自不伦瑞克（Brunswick）①的夏洛特结婚，两人育有一子，名为彼得。另外两位继承者是彼得大帝与凯瑟琳的两个女儿安娜和伊丽莎白。在亚历克西斯死后，彼得仿佛预料到了以后发生的事，他于1725年逝世之前，将王位传给了凯瑟琳。

---

① 不伦瑞克：德国的一个城市。——译者注

17. 凯瑟琳女皇——种子的萌芽

凯瑟琳

对一个睿智而仁慈的君主来说，最大的缺憾是他们创造的这些没法一直传承下去。对于亚历山大大帝、查理大帝和彼得大帝来说，生命亦是短暂的，短暂到他们没有办法一直去实现他们的宏伟蓝图。他们死后，权力可能落到了一个无能的、狠毒的人手中，他们一生所做的成果全被推翻了。假如躺在圣彼得堡大教堂中的彼得看到了继承王位的统治者对国家的治理，那他的灵魂一定会不安。没有人能像彼得一样有那么崇高的爱国主义，也没有谁能像彼得一样为了俄罗斯无私地付出。就像过去寡头政治集团一样，其内部为了各自的利益相互争斗。缅希科夫、艾伯山和托尔斯泰支持凯瑟琳，因为他们对亚历克西斯判处了死刑，害怕亚力克西斯的儿子上台后，找他们报仇。

但戈利岑与其他人支持彼得大帝的孙子彼得，因为这样会给他们带来无数的好处。

　　凯瑟琳统治的两年里，一切都很平静。1727年，也就是两年后，年轻的彼得二世继位，同样他在位的时间也短。狡猾的缅希科夫成功把女儿嫁给了年轻的彼得二世，但是他无法从这个固执的君主那里获得好处。

　　我们不知道彼得是否见证了缅希科夫为了财富和权力处心积虑，然后从自己的巅峰跌落下来。我们也不知道他是否看到了在西伯利亚冰冻的平原上，这位权臣用自己的双手亲手建造的木屋，没有了昂贵的皮毛和珠宝，有的只是身上穿的粗糙的灰色长袍。他的女儿，君主的未婚妻，身上穿的也不再是貂皮，只是绵羊皮而已。不过，缅希科夫也不孤单。每当圣彼得堡发生混乱时，都会有贵族来西伯利亚。1730年，彼得二世突然逝世，其继任者安娜粗俗、残忍，她将戈利岑家族的人和多尔戈鲁基家族的人流放西伯利亚，这些人后来死在此地，许多人被她处以极刑。

安娜·伊凡诺芙娜

　　安娜·伊凡诺芙娜（Anna Ivanovna）是彼得的兄弟伊凡五世的女儿，也是因为这个关系，她成了王位继承人之一。她战胜了企图束缚住她权力的寡头统治集团。戈利岑家族和多尔戈鲁基家族为了各自的利益考虑，他们制订了一个计划，趁国家落入无能的、狠毒的人手里时，组建了一个八人议会来限制君主的统治权。他们希望恢复旧的制度，抹除伊凡家族和罗曼诺夫家族做的一切成果，然后几大家族重新分派权力。这个计划最终失败了，计划的制订者也随之倒台，当然，大批追随者也不能幸免于难。圣彼得堡的刽子手忙得不可开交，西伯利亚流放地的贵族也越来越多。

安娜当政时期，俄罗斯的政治和宫廷深受德国的影响，因此德国人的地位很高，其中地位最高、影响最大的人莫过于古斯塔夫·拜伦（Gustav Biron）。安娜对这个男人的迷恋，让他在她统治期间成了摄政王，一直到他倒台流放。随着俄罗斯民众对德国人的不满，及安娜的逝世（1740年），比较盛行的观点是，他们认为下一任继承者应该来自彼得一脉而不是伊凡。于是，安娜指定她的外甥女安娜的儿子伊凡，也就是她的侄孙，作为她的继承者，拜伦被任命为摄政王。在伊凡统治时期，拜伦控制着行政管理的权力。

法国对俄罗斯的影响超过了德国

这仅仅是一个短暂而悲痛的插曲。拜伦很快被剥夺权力，随之被流放，伊凡的母亲安娜取得了摄政的权力；紧接着，伊丽莎白·彼得罗芙娜（Elizabeth Petrovna）为了自己的利益，精心策划了一个阴谋，彼得大帝这个美丽的女儿嫁给了年轻的路易十五，她曾是彼得改革的主要反对者。

这里顺便说一下，俄罗斯许多人的名字中，常常都是以

"vich"（维奇）和"vna"（芙娜）结尾，这是有重要意义的。"vich"代表某人的儿子，"vna"代表某人的女儿。伊丽莎白·彼得罗芙娜的意思是彼得的女儿伊丽莎白，而彼得·亚历克西斯维奇（Peter Alexievich）的意思是亚历克西斯的儿子彼得。同样的，"Tsarevich"代表沙皇的儿子，"Tsarevna"代表沙皇的女儿；"Czar"（沙皇）、"Czarevich"和"Czarevna"则更趋于现代形式，而"Czar"相当于"Tsaritsa"（沙皇）。历史学家可能为了方便记载会把姓氏省略掉，但是在俄罗斯的传统中这样做是极其不礼貌的。

突然的政变，使得伊丽莎白·彼得罗芙娜夺回了她认为原本应该由她继承她父亲的王位（1741年）。在一个夜深人静的夜晚，安娜和她的丈夫被叫醒，然后被流放，而他们年幼的儿子伊凡六世被关在了监狱里，直到二十年后长大成人。但是，伊丽莎白认为他可能会阻碍自己雄心勃勃的计划，便将他除掉了。

根据伊丽莎白的命令，很多人都被斩首，但是有一个人被赦免了。这个人叫奥斯特曼（Ostermann），是个德国人，曾经是安娜女皇的副总理，在摄政王拜伦下台后，他也倒台了。奥斯特曼和其他人都被带到了刑场，他的头发是灰白的，他的扣子也没有扣上，他的长袍被刽子手拉着。当女王宣布免除死刑流放西伯利亚时，他起身鞠躬，说道："我请求把我的假发还给我。"然后他淡定地把假发戴在脑袋上，扣好扣子，整理好长袍，加入曾经的朋友们和敌人的队列中，开始了流放。

伊丽莎白是一个虚荣的女人，每日留恋酒色。如果说在她统治期间有什么政绩的话，那也是基于她父亲的成果。令人惊讶的是，在这个无耻的女人专制下，残酷的暴政并没有让俄罗斯陷入混乱，也没有爆发起义。但是那里没有了保守派，没有了密谋造反，而莫斯科之所以还有尊严是因为加冕仪式要在此举行。由彼得大帝撒下的种子遍布俄罗斯每一处的土地，现在已经含苞待放。莫斯科修建了一所大学。许多法国艺术家和学者涌入了圣彼得堡，并在那里成立了一个艺术与科学学院，在与伊凡·舒瓦洛夫（Ivan Shuvalof）就彼得大帝的历史进行商议编撰时，伏尔泰也加入了这个学院，参与编撰。德国丑陋的服装被抛弃，相反，法国的服饰、举止和言语受到了欢迎。俄罗斯一直在模仿欧洲各国的行为处事方式，彼得执政时，模仿的是荷兰；安娜女皇继位后，模仿德国；伊丽莎白统治时，才与法国有了真正的交流，当时写法语和讲法语成了一种身份和文化的象征。

俄罗斯的发展很迅速，即使它没有一个有足够自身思想的人来领导，它依旧发展成了一股巨大的力量，不被所有欧洲国家所忽视。在每一个强大的政治合作中，都面临一个重要的问题，即如何选择与之合作的对象。伊丽莎白被外国的外交官和他们的君主奉承得心满意足。对于腓特烈大帝（Frederick the Great）来说，令他后悔的事情莫过于他在伊丽莎白身上花费的精力。因为在关键的时候，伊丽莎白差点让他万劫不复。伊丽莎白也没有忘记仇恨，为了报仇，她与玛丽亚·特蕾莎（Maria Theresa）联合起来，于1757年与腓特烈展开了最后的决斗。直至1760年，腓特烈想起一切，他戏剧地称其为"野蛮人正在柏林挖人类的坟墓"。

但是，当俄罗斯指挥官艾伯山神秘地撤兵，并返回国时，这些巨大的胜利带来的好处都被抛弃了。人们认为，这无疑是腓特烈与伊丽莎白宫廷中某位女人之间的阴谋，而这位女人将在俄罗斯历史上留下不可磨灭的痕迹。

彼得三世

伊丽莎白女皇指定自己的侄子，她唯一的姐姐和荷斯坦公爵所生的儿子为王位继承人。有远见的腓特烈早就撮合了年轻的彼得迎娶德国安哈尔特-采尔勃斯特公国的公主索菲娅。紧接着，这个未来的君主彼得三世和他的德国新娘住进了圣彼得堡，索菲娅也再次接受教会洗礼，皈依东正教，改名凯瑟琳①。但是，美丽、聪明的凯瑟琳和粗俗的彼得三世彼此不喜欢对方，两人性格上的差异使得他们两看生厌，最后变成了憎恶。在民众眼里，凯瑟琳只是把彼得三世当作自己计划的一部分，只是为了让自己年幼的儿子保罗继位，继而自己摄政。伊丽莎白的时间不多了，她还是对彼得是否有能力继承王位有些疑虑，也正是这个疑虑为凯瑟琳的阴谋打开了一扇门。当然，这个阴谋是真是假，无人知道，只是存在猜测而已。

"取消死刑"的政令颁布无疑是仁慈的，但是鞭刑比其他刑

---

① 凯瑟琳：即叶卡捷琳娜二世。——译者注

罚的使用更加频繁了。由此得知，在俄罗斯人思想里，死刑和被刑罚工具折磨而死是有区别的，后者并不是一种"死刑"。

据说，当朴素的彼得的女儿死后，留下了一万六千条裙子，成千双拖鞋，以及两大箱的丝袜——她的衣柜大概会让她曾经在格鲁克为仆的母亲惊讶无比了。伊丽莎白在1761年逝世，王位传给了彼得大帝和凯瑟琳一世的孙子彼得三世。

新皇继任后做的第一件事令贵族激动无比。他发布了一道政令，解除了彼得大帝规定的所有贵族必须为国服务的职责，他说这道政令在当时执行是一件明智的事情，但是现在已经不再需要了，贵族们已经有了进步，已经能够服务和献身于他们的君主了。充满感激之情的贵族们商议着用金子为这位神圣的君主打造一个雕像。皇帝还废除了秘密警察法庭，赦免了成千上万的政治犯，拜伦一样的贵族从西伯利亚被召回，库兰公爵（Kurland）和他的妻子在被流放二十年后，回到了家乡。

但是快乐的时光总是短暂的，贵族们很快就后悔他们用金子打造雕像而不是非常粗糙的黏土。没有人能比彼得粗糙且荒唐愚蠢了，他彻底转变了这个国家对德国人的态度。他对腓特烈大帝的态度超出了人们的容忍，甚至到了卑躬屈膝的地步，他在某次狂欢会上，大喊着："让我们为我们的国王和主人腓特烈干杯。我保证，如果他下令的话，我将带着我的帝国为他赴汤蹈火。" 他还打算摆脱凯瑟琳的束缚，剥夺她的孩子保罗的继承权，转而支持被囚禁了二十年且精神有问题的伊凡六世，并且把他接回了圣彼得堡。

凯瑟琳二世

凯瑟琳小心翼翼地制订自己的计划，且行动迅速。彼得很快被抓了起来，并且宣布退位，他就像孩子一样乖巧地服从命令。凯瑟琳写道："我后来派遣亚力克西斯·奥洛夫（Alexis Orlof）和一些明事理的绅士去照看这位退位的君主，并将其送去一个距离彼得霍夫十五英里①的偏僻但很惬意的宫殿。"

四天后，这位退位的皇帝被宣告突然死于腹绞痛。但是，据我们所知，亚力克西斯·奥洛夫和凯瑟琳的另一个心腹曾私下悄悄拜访过彼得"惬意的宫殿"，并且有人听到在他们进入屋子后，就传来了一阵激烈的争执声，而且彼得的脖子上有一个黑紫色的手印。毋庸置疑，奥洛夫掐死了彼得，但是不是受凯瑟琳指使，就不得而知了。

这就是人们所知的"1762年革命"，这件事之后，凯瑟琳二世继承了王位。她的儿子保罗当时刚六岁。在大概两年的时间里，伊凡六世作为唯一的法定继承人，也是最有可能成为凯瑟琳统治的绊脚石，因而很快被除掉了。据说，伊凡六世的护卫为了阻止别人营救他，就把他杀死了。没有人知道凯瑟琳在这个过程中扮演着什么样的角色，但是可以确定的是，在当时没有什么事情比知道伊凡的死更让她高兴的了。

---

① 1英里≈1.61千米。——译者注

18. 瓜分波兰——凯瑟琳二世之死

波兰的情况

欧洲这一时期的对外政策的中心是围绕着波兰进行的，这个曾经如此强大的王国，现在日渐式微。

波兰灭亡的原因是其缺陷的社会组织和傲慢的贵族阶级造成的。当时在波兰只有两个阶级——贵族阶级和农奴阶级，而国家的商业和贸易却掌握在德国人和犹太人手中，没有中产阶级和其他阶级的存在就意味着它不会成为一个现代国家。也就是说，波兰所用的制度仍然是父权制和中世纪时的社会制度，这已经跟不上时代发展的步伐了。波兰被强大的专制主义操控，即使已经是十八世纪，但还是固守着十二世纪的封建主义传统。波兰人的骨血里有着一腔爱国之情，他们为改革挣扎过，但一切都是徒劳的。波兰没能跟上欧洲各国中央集权的大潮流，它错过了一次关键性的经历，缺少自身发展的经验，它已经跟不上文明发展的脚步，只能忍受其他强者压迫。

较为开明的波兰人开始希望建立一个世袭的君主制，并尽力压制以自我为中心的贵族阶级的权力，但是一切都为时已晚。波兰不仅内部分裂成一个个小部分，外部也正遭受着其他国家的冲击。东面信奉新教的普鲁士，西面信奉东正教的俄罗斯以及南面信奉天主教的奥地利都虎视眈眈，它们不仅想吞并波兰，还觊觎着彼此的领土。显然，衰微的波兰屈服于这些强大的国家，只是或早或晚而已。但对于俄罗斯、奥地利和普鲁士来说，问题就简单了，即每个国家应该占领波兰多少土地。

这个问题，一直贯穿凯瑟琳二世执政时期。欧洲各国很快也发觉，坐在俄罗斯王位上的这个女人具有非凡的能力。无论是她的对外政策，还是对帝国内部的管理，都展现出了君王的风范。

在黑海战争的胜利

为了阻止凯瑟琳二世对波兰的入侵计划，被唆使的土耳其人宣布对俄罗斯开战。可是结果却令欧洲各国和奥斯曼帝国意想不到。这个无所畏惧的女人虽然没有预料到这样的突发事件，但是她在写给自己的一个将军的信中说："罗马人从不关注自己的敌人有多少，他们只会问'他们在哪？'"她的军队席卷了整个土耳其半岛，击败了所有的鞑靼人和土耳其人，并且在1771年，将军舰驶向了黑海，这令君士坦丁堡恐惧不已。如果不是在欧洲的事情和帝国内的混乱需要解决，那么自大公国时期，俄罗斯人一直渴望的梦想可能就会实现了。

1771年，莫斯科爆发了一场瘟疫，引发了人们迷信的思想，继而导致了一场暴动的发生。紧接着，南方一个目不识丁的哥萨克人普加乔夫自称自己是彼得三世，他宣称，自己没有逝世，而是逃到了乌克兰，现在他将带领一支军队前往圣彼得堡讨伐他的妻子凯瑟琳，然后拥护自己的儿子保罗继承王位。作为一个冒牌货，普加乔夫对凯瑟琳来说没有任何威胁性，但他的存在对于愤怒的农奴和遭受苦难的人民来说，是非常有号召力的，他们认为找到了领袖，这就使得他成了一个极大的威胁，并且最终演变成一场农民战争。不过，这场暴乱最终还是被凯瑟琳平复了，冒牌的彼得也在莫斯科被处死。

凯瑟琳二世的改革

凯瑟琳在解决帝国内的混乱、与奥斯曼帝国在黑海的战况，以及同欧洲各国瓜分波兰的同时，还在混乱无序的帝国开展一系列改革。彼得大帝取消了主教制度，凯瑟琳将这一举措进行得更加彻底。修道院和教会在蒙古统治时期，一直是免除赋税，而且也没有给可汗交纳贡品，所以它们拥有的财产十分庞大。据说，教会的牧师拥有超过一百万的农奴。凯瑟琳将教会的财产交由一个专门的世俗委员会管理，修道院和牧师从传统的独立体系中脱离，并且只能领国家的抚恤金。随后，她用司法手段开始对收受贿赂以及其他腐败行为进行整治。她竭力让中上层阶级接受更好的教育。如果可以，她想消除在俄罗斯土地上的无知和残忍，这么做不是因为她是一位慈善家，而是因为她热爱文明。凯瑟琳的理智而不是她的情感，让她成为一个改革家。她曾严厉地惩罚、贬黜了一个权力很大的女官，因为那个女官残忍地对待自己的农奴——把四十个农奴活活折磨死。凯瑟琳接受的教育，使得自己的天性更趋向于欧洲人，她的聪慧让自己意识到，任何国家的建立都不能基于人民的苦难上，否则就不会长久。凯瑟琳以法国的学校为蓝本，建立了一个俄罗斯科学院校，旨在确定俄语的写作和口语的规则，以及推动对俄罗斯历史的研究。凯瑟琳是一个内心充满同情的改革家，她所采用的改革方法都是当时西欧流行的模式。她对新兴的哲学很感兴趣，对法国文化运动十分着迷，并且与伏尔泰、百科全书主义者及卢梭理论的学者都有着书信来往。

法国文化对俄罗斯文明的影响在当时虽然只存在于俄罗斯的中上层阶级，但是毫无疑问，他们对俄罗斯的文学艺术产生了深远的影响，并且通过宗教包容和礼仪习惯，使俄罗斯人的性格变得更好了。凯瑟琳创立了一个委员会，用以建立、编撰新的法典，其中涵盖了表现为社会正义和政治自由的政治格言等一系列法典。然而，后来的法国大革命让她意识到了这一切的逻辑导向，她否定了之前的一切，还把伏尔泰赶下神坛。凯瑟琳对俄罗斯进行的一系列改革，使其贡献仅次于彼得大帝。

她虽然没有剪除鲍里斯打造的拴住两千万人的绳索，像富兰克林和杰斐逊那样在一个理想的共和国里制定消除黑奴的制度，但也不应该指责她没有做许多，毕竟她生活的时期是十八世纪而不是十九世纪。

瓜分波兰

波兰新生的一代已经成长了起来，他们既不是贵族也不是农奴，而是一些拥有热情的爱国者，他们熟悉波兰的兴衰与荣辱，目睹了自己的国家被分裂，看到了继任的国王一个个地屈服，接受割让领土的无理要求。波兰的国土原本向东延伸到乌克兰，可现在必须割让给俄罗斯；北部的国土原本把普鲁士与西方分隔，但现在被普鲁士吞并。当波兰把这些领土割让后，不仅要接受无理要求，还要对掠夺者们卑躬屈膝，并且采用掠夺者们的新宪法。波兰的国王成了欧洲的笑料——但是不久之后，波兰这个名字又成了悲剧的代名词。科西奥斯科（Kosciusko）曾经参加了美国独立战争，他戴着辛辛那提的勋章，怀揣着构建新的政治自由的梦想回到家乡后，被选为爱国者的领袖。

对波兰的瓜分不是一蹴而就的，这场盛宴共有三次（1792年，1793年和1794年），并且各国又花了一些时间去收拾残局，把波兰从欧洲的地图上抹去。1794年，科西奥斯科和他的追随者们发起了反抗，但反抗没有任何意义，他们最终伤痕累累地倒在了卡明斯基（Kaminski）战场上，与他们一同倒下的，还有波兰。幸存下来的波兰人自此惶惶度日。波兰人的种族与俄罗斯人相近，因为他们都是斯拉夫人；他们的宗教信仰和信仰天主教的奥地利相近，但是他们与信仰新教的普鲁士没有相同之处，所以在普鲁士统治下的波兰人过着被奴役的生活。在俄罗斯统治下的波兰人在某种程度上有自主权，他们在沙皇总督的管理下被允许保留政府统治，他们斯拉夫的公社、语言和习俗也都被保留。但是，这一切也只是一种特殊恩典的奴役。虽然波兰作为一个政治主权国家从欧洲的地图上被抹去了，但它还是会延续下来。它的人民在自己的土地上唱着古老的歌谣，密茨凯维奇（Mickiewicz）①、显克维奇②（Sienkiewicz）和肖邦（Chopin）③仍然被认为是波兰人，而不是俄罗斯人。

在这次瓜分波兰的战争中，三个盟国就好像三条一起追赶一只野兔的狗，友好地分享着从骨头上撕扯下来的肉。可是，如果俄罗斯比其他两个国家得到的多，那奥地利和普鲁士就会煽动土耳其人在俄罗斯南部发起攻击。凯瑟琳二世统治时期，多次放弃波兰，举兵南下保卫克里米亚、塞瓦斯托波尔

---

① 密茨凯维奇：波兰诗人，著有诗集《歌谣与传奇》。——译者注
② 显克维奇：全名亨利克·显克维奇，波兰作家，著有《天使》《洪流》等。——译者注
③ 肖邦：全名弗里德里克·肖邦，波兰作曲家、钢琴家，代表作有《夜曲》《第三钢琴奏鸣曲》等——译者注

（Sebastopol）①以及她在黑海的海军舰队。1787年，凯瑟琳在孙子亚历山大和康斯坦丁（Constantine）大公的陪伴下，开始了著名的第聂伯河之旅。在基辅，她观赏了风景如画的旧城都塞莱，想到了脚下的土地以及俄罗斯大公曾在蒙古可汗的脚下卑躬屈膝；她望了望塞瓦斯托波尔，那个地方是她建立在南方的新的俄罗斯边界线。

凯瑟琳二世统治下的特点及凯瑟琳二世之死

法国大革命使得凯瑟琳的政治理念发生了变化，她不再沉溺于人权的抽象概念，对推翻国王和王后的统治以及凌辱他们感到了恶心。她放弃了自己曾经特别喜爱的文学作品，对有自由主义倾向的俄罗斯人进行监视，或以各种托词流放西伯利亚，甚至还力劝瑞典国王对毒害社会的民主运动进行压制，而她将协助他在整个欧洲进行这种压制。此外，凯瑟琳与奥地利皇帝进行协商，企图瓜分土耳其，在欧洲和奥斯曼帝国之间建立一个中立的城邦。伏尔泰的梦想是把希腊人民联合起来组建一个希腊人自己的王国，而这一切被凯瑟琳用来制订更大的计划，她希望自己成为奥斯曼帝国的征服者，让她的孙子坐在君士坦丁堡的王位上，把希腊和土耳其作为俄罗斯的附属国进行统治。

---

① 塞瓦斯托波尔：克里米亚半岛著名港口城市。——译者注

关于凯瑟琳的私生活没有任何必要去写，这不仅是一个女人的事迹，更是代表着在她统治下的帝国的三十四年的历史。可以说，凯瑟琳二世并不比她之前的伊丽莎白女皇和安娜女皇更好。在她统治时期的亚力克西斯·奥洛夫、波特金（Potemkin）以及其他宠臣就像凯瑟琳一世统治时期的缅希科夫和安娜统治时期的拜伦。她的儿子保罗对她与亚力克西斯·奥洛夫和其他宠臣之间的关系非常厌恶。凯瑟琳的思想和统治中不存在正义和道德，但是从政绩上看，她不仅能把帝国中纵横交错的问题处理得井井有条，而且把权力牢牢地掌握在自己手中，这样一个人足以有资格与"伟大"的少数君主齐名。一个出生于德国，拥有法国人思考方式和倾向的女人，凭借智慧和能力，一步步走上了俄罗斯权力的巅峰，并且用自己的政治方式带领俄罗斯人走向了文明和进步。她的人民不是被"鞭笞着进入文明"，而是被邀请进文明队列中。她的政治手腕非常坚决，但又具有弹性；她专制，但又宽容。如果说她的统治是专制统治的话，那也是对解决事情上的专制统治，而不是都施加给民众。1796年，凯瑟琳突然逝世，她的儿子保罗加冕为俄罗斯帝国皇帝。

19. 拿破仑在欧洲——俄罗斯帝国的态度

保罗一世

保罗继承王位的时候已经四十一岁了，在这之前的二十年里，他坚定地认为王位的合法继承人就是自己。他父亲彼得三世的离奇逝世、他在母亲统治时遭受的羞辱，以及母亲篡夺自己的王位始终在他脑海中挥之不去，发酵多年。

他继位后的第一个举动是发泄他长期压抑的愤怒和查探父亲的死因。他将彼得的遗骸挖出来，然后以凯瑟琳二世的葬礼规模把彼得与母亲合葬，而他怀疑的杀人犯亚力克西斯·奥洛夫则被迫在彼得棺材旁边，端着王冠前行。

当保罗废除了他母亲在官方语言中主张的"社会"和"公民"，当他取消了礼服大衣、高领衣袍和领带的穿着，当他拒绝让法国人进入他的帝国，当他经过某地时强迫自己的人民走出车厢，跪在泥土中迎接他时，他感觉自己在凯瑟琳二世统治下丢失的尊严重新被找回，皇家的权威再次树立起来。

保罗有一句很有名的话可以用来形容他自己，"要知道，在俄罗斯唯一值得我提及的人，就是那个我正在提及的人"。他是天生的暴君，他的改革采取了许多普鲁士的统治方法和东方的奴役方式。他对欧洲采取的是和平相处的政策，他母亲花了三十四年且消耗巨资的对欧战争被叫停。他将征战的方向转向东方，满脑子都是那里的广袤平原和模糊而不明确的疆域。但是，这一切都被意料之外的事情打断了。

拿破仑·波拿巴

1796年，一个二十七岁的军事天才让欧洲震惊不已。这个人就是拿破仑·波拿巴（Napoleon Bonaparte），他率领一支衣着褴褛且愤怒的法国军队摧毁了北意大利，建立了奇萨尔皮尼共和国（Cisalpine Republic）。在攻占爱奥尼亚群岛（Ionian Isles）①后，紧接着又拿下了埃及，并且威胁着东方。土耳其和俄罗斯抛弃了以前的种种恩怨，建立了军事联盟。不久，俄罗斯和奥地利也结成同盟。然而，拿破仑在军事上展现出的天赋，波兰人和土耳其人根本无法对抗。俄罗斯指挥官苏沃洛夫（Suvorov）也战败了，当他灰溜溜地回到圣彼得堡时，暴怒的

---

① 爱奥尼亚群岛：位于希腊西岸沿海的长列岛群。——译者注

皇帝没有接见他。1798年，拿破仑占领了比利时（Belgium），迫使奥地利割让伦巴第（Lombardy）①，并要求奥地利承诺会帮助他从德国人手中夺走莱茵河（Rhine）左岸，以及承认奇萨尔皮尼共和国的合法地位。

保罗在经历感情波折后，其态度发生了快速转变。他被拿破仑所向披靡的胜利蒙蔽了双眼，对于拿破仑的专制方式更是青睐有加。他希望能与拿破仑结交，彼此能够化敌为友。由于奥地利和英国都在对抗他，于是他决定与法国结成同盟，双方共同获利。随后，再提出一个更大的计划。

暗杀保罗

那个更大的计划就是把英国在印度的殖民区抢过来。保罗将派遣大批军队进入印度，与从埃及来的法国军队在那里会合，然后横扫大莫卧儿，占领英国人的定居点，抚慰当地人和王公贵族，并且让他们加入自己，共同把他们的国家从英国人的残暴统治中解救出来。他在军队的宣言中说，"不能骚扰大莫卧儿和那里的王公贵族，他们攻击的对象是那些通过人口买卖将印度人变成奴隶的商业机构，除此以外，不可以毁坏其他东西"。他还对他的士兵说，"印度的所有珍宝都将是你们的报酬"，但是，他没有说明怎样才能在不骚扰这一切的前提

---

① 伦巴第：位于意大利北部。——译者注

下，获得珍宝。

众所周知，拿破仑对于这个东方帝国垂涎已久，他知道自己与保罗之间确实存在共同点。1801年，由十一个哥萨克人组成的军队作为前锋为这项伟业南下了，但就在这时，他们收到了保罗一世逝世的消息。

保罗离经叛道的统治、不明智的改革和反复无常的政策不仅让每个人疏远了他，而且严重影响了帝国的安全。他与自己的妻子和儿女敌对，跟他关系最不好的长子也是继承人的亚历山大要夺他的王位。终于，有人密谋逼迫保罗退位。在某种程度上，他的儿子亚历山大和康斯坦丁促使了事件的发生。

1801年3月23日晚上，叛乱者闯进了保罗的寝殿，他们拿着剑，逼迫保罗退位。后来，发生了争斗，黑暗中皇帝被打倒在地，被一个士兵用围巾勒死了。

亚历山大一世

在整个事件中，亚历山大完全置身事外，于是1801年3月24日，他宣布成为俄罗斯帝国皇帝。

据说，当拿破仑的大计就这么泡汤后，他完全不能克制住自己的愤怒，他指出英国是整个事件的策划者，他在公报中说："历史会给出这一悲剧的真相，是怎样的国家政策造成了这样一场大灾难！"

虽然有些狭隘，但不得不说保罗是有聪明才智的，他也不是一个没有包容之心的人。尽管他有时冲动鲁莽，尽管他召回了流放到西伯利亚的政治犯，并给予科西奥斯科和其他爱国者自由，但他的仁慈相对于他的残暴而言，简直不值一提。如果一个残暴的人表现出了仁慈，人们可能会认为他是有目的的，从而就会爆发出力量，甚至激发心里潜藏的仇恨。假如我们回头看看他五年的短暂统治，那么可能就会明白凯瑟琳二世为何不愿意将自己缔造的帝国交给自己的儿子保罗了。我们倾向于相信传言所说的那样——凯瑟琳二世留下遗诏，要将王位传给她悉心培养的孙子，但是遗诏被阴谋者们销毁了。

据记载，保罗在位时期，他的一项政令还是值得人们铭记的，他原本是想恢复旧的礼制，没想到给后人带来了福泽。长子继承制虽然不是斯拉夫特有，却是莫斯科大公规定。彼得大帝考虑到自己不争气的儿子亚历克西斯，所以废除了这一制度。这个无情的改革者以自己专制的权力，挑选了自己心中的继承者。后来，保罗恢复了这一制度，也正因如此，它给俄罗斯帝国的发展带来了极大的益处。

20. 拿破仑在俄罗斯帝国——神圣联盟

政治自由计划

　　二十五岁的亚历山大成了俄罗斯帝国皇帝，统治着所有俄罗斯人。亚历山大自出生后就完全没有受他父亲的影响。他的家庭教师拉阿尔普（Laharpe）是瑞士的一个共和党人，是他的祖母挑选的，他从一开始接受的就是政治自由的理念。在法国大革命之前、凯瑟琳二世执政期间、自由主义盛行的时候，亚历山大接触了许多欧洲的先进思想。他在自己的宣言中说，自己的统治将会延续凯瑟琳二世的政治目标和准则。于是，他很快摆脱了谋杀父亲的密谋者的嫌疑，拉拢了一群像他一样毫无经验但满腔热血的年轻人，他们相信自己能让俄罗斯有一个美好的未来。他们抱有最大的信心，提出并讨论了最激进的改革。在农奴里有人希望有一个新的、神圣的政体，这个政体具有合法性和代表性，并且能够解放被束缚在土地上的农奴。一时间，很多新的政策立刻被执行。彼得大帝时期建立的学院和部门都被废除；模仿欧洲组建的统治部门，或根据欧洲习惯建立的大臣制度（曾被称作德鲁吉纳）也被取消。在亚历山大统治的第一年，俄罗斯开始了对亚洲的侵略，并占领了亚洲部分领土。风景如画的格鲁吉亚（Georgia）①王国位于黑海和里海之间的高加索地区，这里原本居住着才华横溢、崇尚公平的民族，但是后来这个民族沦为土耳其人的牺牲品，和切尔卡西亚（Circassia）②一样，成了奥斯曼帝国漂亮的奴隶。格鲁吉亚多次向皇帝寻求保护，终在1810年，这个多灾多难的王国签订了一份协议，并入了俄罗斯。

其实，在亚历山大刚继位的1801年，格鲁吉亚的一部分土地就归俄罗斯了。但是，直至1810年协议的签订，格鲁吉亚整个王国才成为俄罗斯的一部分。

随着一天天过去，当这个年轻的君主和自己的朋友们沉浸在他们的乌托邦理想中时，拥有强大活力、巨大财富和丰富经历的俄罗斯帝国逐渐强大起来，并在欧洲舞台上发挥着越来越重要的作用。在圣彼得堡要商讨的问题是非常重要的，亚历山大被再三请求加入反对共同敌人拿破仑的联盟中。

① 格鲁吉亚：位于高加索地区，北接俄罗斯。——译者注
② 切尔卡西亚：位于高加索地区的一个小王国。——译者注

奥斯特利茨之战

1805年10月2日晚上，俄罗斯帝国皇帝和他年轻的军官们就如同相信自己有能力重建俄罗斯且对胜利充满自信一样，焦急地等待第二天奥斯特利茨（Austerlitz）①之战的结果。年轻的亚历山大派遣多尔戈鲁基王公给拿破仑送了一封信，信中的内容称拿破仑是"法兰西民族首领"，而不是皇帝，并且还让他放弃意大利，立刻恢复和平。然而，在当天傍晚前，这场"三皇之战"开始后，俄罗斯军队便溃不成军，亚历山大在一个护卫和两个哥萨克人的保护下，落荒而逃。随后，拿破仑占领了维也纳，弗朗西斯二世（Francis Ⅱ）无奈地摘下了至高无上的王冠，"莱茵河联盟"实现了在德意志西部的统治，然后这个令人恐怖的、不可战胜的男人转向普鲁士，打败了前来营救的俄罗斯军队。1806年，拿破仑攻占柏林，成为欧洲的统治者和仲裁人。

亚历山大一世与拿破仑结盟

亚历山大这个权力和公正的浪漫主义捍卫者，理想的追梦者，已经被深深地卷入了时代潮流的旋涡中。他站在欧洲大陆一端，目睹着拿破仑对这片土地进行征服。自己的军队大败，

---

① 奥斯特利茨：位于捷克斯洛伐克中部的一个城市。——译者注

或许对自己的帝国的入侵也要开始了。他必须要做出决定了，是选择与拿破仑签订协议，还是对他宣战？但是，如果他选择宣战，那他的敌人就会给予农奴和波兰人自由，从而获得上百万人的支持。加之他以前所做的种种，拿破仑将势不可当。1807年6月25日，在蒂尔西特（Tilsit）①的木筏上和拿破仑长达两个小时的会谈，改变了亚历山大整个政策的方向，他与曾经自己憎恶的暴君联盟了，他将加入决定欧洲命运的行列。亚历山大和拿破仑联盟后，他们可以轻易决定该让谁继承王位，该向谁索取补偿，又该对谁进行剥削。并且，俄罗斯皇帝允诺法国皇帝会通过封锁大陆的方式对曾经的盟友英国进行经济制裁。

时代变了，在百年以前，彼得大帝打开了朝向欧洲的一扇窗，学习先进的文明。但现在，俄罗斯的皇帝在一条小木筏上通过两个小时的会谈，就可以决定欧洲的命运。

联盟破裂

亚历山大年轻的追随者们虽然缺乏经验，但心怀高尚的目标，他们对亚历山大特别失望，因为这次和法国的联盟与他们的理想背道而驰。亚历山大也开始不再信任他们，渐渐疏远他们，反而完全依赖他的首相斯佩兰斯基（Speranski），因为斯

① 蒂尔西特：今俄罗斯的苏维埃茨克。——译者注

佩兰斯基不仅是法国人，还对拿破仑极度崇拜。亚历山大还是热衷于改革，虽然朋友们的背叛伤害了他，他开始为自己辩白："难道现在的我没有展现出新的力量与曾经的我对抗吗？"亚历山大的内心始终无法安静下来。他和他的首相精心准备、策划了一个系统的改革计划。斯佩兰斯基制定的所有的立法都以《拿破仑法典》为模板。采用新的法典虽然是有希望的，但是它仅仅适用于相同的人群。因为它包含的理念是现代化的，所以并不适合还残存封建主义制度的俄罗斯，毕竟不是所有人在法律面前完全平等。因此，要想建立新的制度，其关键就是实现农奴解放。亚历山大受到的指责，面对的困难越来越大。他让他年少的朋友失望，让他的贵族不满，而且被迫参加俄-法联盟对抗英国、奥地利和瑞典，这些都让他感觉到了全国蔓延着一种愤怒；同时，陆地封锁使得帝国的经济严重受挫。当拿破仑对他这个俄罗斯盟友不怎么友好且处处高人一等时，亚历山大就彻底清醒了。他从这个不平等的联盟中退出来，开始面对注定要发生的一系列后果。

拿破仑也很高兴自己能摆脱这个友人，因为这次合作根本不是他想要的结果，他开始准备实行他长期思考的计划。1812年7月，他率领一支六十七万八千余人的军队通过波兰进入俄罗斯。这支军队主要是拿破仑从被征服的国家中招募的，他准备带着这支军队踏平俄罗斯帝国。战争异常惨烈。他每攻下一个城镇，就会有三四万人倒下，但他毫不关心这样的结果，因为他知道胜利是需要付出昂贵的代价的，他用惨烈的伤亡换来了向莫斯科步步紧逼。如果说圣彼得堡是俄罗斯的大脑，那么莫斯科——神圣的莫斯科就是它的心脏。俄罗斯人该怎么办？是引诱法国军队来此，把整座城镇烧掉，然后撤退，还是坚守到底，拼尽最后一兵一卒保卫莫斯科？库图佐夫（Kutuzof）说："当俄罗斯面临生死存亡时，莫斯科和其他城市一样，只是一个城市而已。我们可以重建它。" 听到这里，人们泪流满面，最后选择了放弃。他们将教会和宫殿的档案以及宝藏带到了弗拉基米尔，人们也跟着转移到了弗拉基米尔，而留下来的空城莫斯科将面对什么，那就只好听天由命了。

拿破仑的撤退和败亡

1812年9月14日，法国军队唱着马赛曲进入了莫斯科，拿破仑将自己的住所安置在克里姆林宫内的伊凡的宫殿内。突然，莫斯科人冲了进来，他们拿着火把点燃了许多白兰地和装载酒精的船只，大火笼很快吞噬了莫斯科。拿破仑拼尽全力才逃出火海，幸免于难。

整整五天，人们尽可能地毁掉法军可以用来作掩护和生活所需的必需品。他们在这片已经成为废墟的土地上等了三十五天。法国的侵略结束了。士兵开始吃自己的战马，成千上万人都饿死了。上天对俄罗斯似乎起了同情之心，天空飘起了雪花，刺骨的寒风吹在身上像刀割似的，皑皑的白雪包裹了大地。10月23日，在克里姆林宫地宫点燃一个炸弹后，法国军队怒气冲冲地离开了莫斯科。波雅尔建造的伊凡大塔炸裂了，一些宫殿和廊道也被毁坏了。

拿破仑并没有像曾经预想的那样进入圣彼得堡，而是独自逃到了边界，留下他那支残破不堪、濒临死亡的军队听天由命。俄罗斯帝国不相信的农民阶级和小市民阶级怀着对家破人亡的仇恨对法军围追堵截；饥寒交迫的法军在极风的折磨下，几乎崩溃，许多人选择跳进露营的火里。征服战争变成了一个巨大的灾难，出征时的六十七万八千余人只有八万人活着回来。

拿破仑入侵俄罗斯的大军已经一蹶不振了。但是次年，不屈不挠的拿破仑又率领大军在德国发动了莱比锡（Leipzig）[1]战争，可是他又失败了。反法大军趁机进攻巴黎，1814年3月，亚历山大作为同盟军的首领到达了法国首都，开出了停战条件。在这场戏剧性的战争中，亚历山大做出了杰出贡献，他被称为"救世主"，在拿破仑这个破坏世界和平的人被打败后的一段时间内，他相较于欧洲其他领导人发挥的作用更加重要，影响力也更加深远。

亚历山大改革的失败及去世

1809年，瑞典被迫将统治了六个世纪的芬兰割让给俄罗

---

① 莱比锡：德国萨克森州的一个城市。——译者注

斯。亚历山大给予芬兰人很多特权，就像他们对波兰人给予特权一样，甚至直到近些年仍然没有严重干扰过他们。亚历山大向他们承诺了很多东西，包括拥有独立的军队，保留自己的语言和风俗习惯及饮食。然而，后来的统治者发布的一条敕令侵犯了这些特权，强制芬兰人俄罗斯化，最终导致了一批芬兰人移民到美国（1899年）。

当亚历山大签署《巴黎条约》时，他已经三十四岁了。他年轻时幻想的很多想法都渐渐消失。他与巴登家族（Baden）的伊丽莎白的婚姻并不幸福。他的改革计划虽然能给人们带来好处，但是他们却不能理解。最终，他选择了屈服于愤怒的贵族，答应他们的要求，把他主张自由的顾问斯佩兰斯基解雇，并且让保守派领袖阿力克切夫（Araktcheef）取而代之。他变得郁郁寡欢、疑神疑鬼，而阿力克切夫则开始了极其严酷的统治。1819年，他同意奥地利和普鲁士联手镇压他曾经提倡的自由主义风潮。这次联盟被称为"神圣联盟"，其目的是恢复君主的神圣权力，摧毁民主主义倾向。阿力克切夫与下层阶级和农民阶级的敌对关系，使得俄罗斯陷入了严重的混乱，并且起义不断。1823年，在基辅秘密召开的一场大会上，人们被告知："夺去我们自由的就是罗曼诺夫王朝，无论是去谋杀独裁者，还是去消灭皇室家族，我们都不应该畏惧。"农民们得到承诺，只要他们参加这场起义，他们就将获得自由。为了谋杀亚历山大，他们确定了准确的时间，打算在1824年亚历山大到乌克兰视察军队时下手。

当皇帝听说这个阴谋的时候，他大喊："啊！这群丑陋的人！我做的一切都只是为了他们的幸福啊！" 他对自己曾追求的理想产生了怀疑，并且想到了被暗杀的父亲。他的身体变得很糟糕，有大臣建议他去气候适宜的南方休养。1825年12月1日，他在塔甘罗格（Taganrog）①突然逝世，生前说的最后一句话是"无论人们怎么评论我，我自认为我一直是一个共和主义者"。但是，出于"神圣联盟"的建立与他脱不了干系，所以人们很难接受他的这一论断。

---

① 塔甘罗格：位于俄罗斯西南部。——译者注

21. 俄罗斯东方化——近东问题

康斯坦丁放弃继承王位

亚历山大逝世后没有子嗣可以继承王位，根据长子继承制的相关法律，将由保罗一世的第二继承人，也就是亚历山大的弟弟康斯坦丁继承王位。但是康斯坦丁早就私下宣布放弃王位，并让他的弟弟尼古拉斯（Nicholas）①来继承王位。康斯坦丁放弃王位的真正原因是，他深深地爱上了一位波兰女子，为了她，他愿意牺牲一切。他在放弃王位的信中写道："我很清楚自己没有任何治国的天赋，才能不出众，精力也有限，所以我恳求至高无上的君主让我把这个权力转让给第二继承人，我的弟弟尼古拉斯。"亚历山大接受了这封信，并许诺尼古拉斯

---

① 尼古拉斯：又译为尼古拉。——译者注

将成为自己的继承人，而这封信的存在，尼古拉斯并不知道，这也成了一个被埋藏的秘密。

亚历山大逝世后，任波兰总督的康斯坦丁并没有回到莫斯科，反而停留在克拉科（Cracow），他仍然坚持放弃王位。由于书信传递得缓慢，尼古拉斯并不知道真实的情况，他很快宣誓效忠他的哥哥，并要求圣彼得堡的军队臣服康斯坦丁。尼古拉斯收到信后，他表示坚决拒绝继承这个王位，而康斯坦丁的态度也很坚决。就这样三个星期过去了，由于没有官方明确的文书宣布谁是下一任皇帝，使得很多事情在这三周的时间里出现了变故。

一场革命和尼古拉斯继位

对于这个难得的机会，南方的革命者和北方的同盟者是不会放过轻易放弃的。他们的领袖佩斯尔（Pestel）很早就已经招兵买马，并且在圣彼得堡和莫斯科组建了秘密的政治团体。机会难得，他们希望能迅速地摧毁整个王族，强迫议会和主教工会接受他们准备好的宪法。

起义时间确定在尼古拉斯继位的当天，那时议会人员和军队将集体宣誓效忠新皇。士兵们对这一阴谋毫不知情，他们被煽动拒绝宣誓，并被告知康斯坦丁的让位信是假的，而他本人现在已被囚禁；另外，康斯坦丁是他们的朋友，他将提高他们的报酬。于是，出现在了一群莫斯科人高喊："康斯坦丁万岁！"当少部分密谋者高喊："宪法万岁"时，有士兵竟然问

"宪法"是不是康斯坦丁的妻子。就这样，密谋者为暴乱假托的借口反倒成了对废黜非法皇帝的效忠。在这层面具的遮挡下，佩斯尔聚集起了一群高智商、高地位的人，其中不乏政府官员和贵族。

恢复秩序

然而，这场革命只爆发了几天，就被镇压了。当佩斯尔听到自己被判死刑时，他说道："我最大的错误是，在还未播下种子前，就想着收获成果。"雷列耶夫说："我知道这次行动一定会失败，但是我无法忍受我们的人民在专制统治下遭受痛苦。"这场革命引起的影响无疑是巨大的，而且还是有预谋的。尼古拉斯作为俄罗斯的统治者拥有的权力是至高无上的，但他对于反叛者的惩罚是比较轻的。他既没有报复也没有大肆屠杀。五名起义领导被吊死，数百名被他们误导的追随者和支持者被永久流放西伯利亚——让他们为自己的愚蠢反省，反省为何会愚蠢地支持、跟随仅有热情而缺乏经验的理论家和空想家，妄想用一些书本知识建立一个新的理想的乌托邦。他们的目的是废除农奴制，取消所有现存的机构，在以宪法为基准条件下，建立一个完全平等的社会。他们的目标明确而彻底，实现的方式也果决，他们设想的神圣政府是建立在暴力和流血上。我们现在可以把这群人称为民粹主义者（Nihilists），他们中有作家、思想家，他们的灵魂高尚，对压迫充满反抗，对人民充满同情，但是他们却迷失了方向。他们失败了，但是他们证明了，在俄罗斯也会有人以死来捍卫理想。当人们为一项事业前赴后继地牺牲时，那么，这项事业就会变得神圣，即使他们为此与世长眠，但是他们的精神永远不灭。

此时坐在俄罗斯皇位上的尼古拉斯不会再因自己的理想和无法改变的现实而受折磨了。他的天性和帝国的现实都向着同样的方向发展——绝对的个人独裁，由军事力量支撑的绝对统治。他并不打算向欧洲打开大门，相反，如果有必要的话，他甚至想闭关锁国。他不鼓励他的人民更加欧洲化，相反，他成了泛斯拉夫主义（Pan-Slavism）的拥护者，并且竭力扩大俄罗斯的民族性。随着时间的流逝，这个帝国不再一味地模仿西方或东方，即使这关乎国家利益。尼古拉斯可能不会制订这样的计划，但这是在他整个统治时期内不由自主地追求的政策。

尼古拉斯的政策及波兰叛乱

尼古拉斯的态度与土耳其产生了矛盾，两国之间很快爆发了战争。尼古拉斯支持希腊与土耳其对抗，当然，没有人会怀疑他对希腊情感上的支持。但这其实只是他更大计划中的一小部分。尼古拉斯宣布自己是东正教的保护者，并且他将自己置于近东核心问题上，欧洲没有任何一个国家能够代替他，因为受迫害的基督徒信仰的不是天主教而是东正教，而他正是东正教的领袖。为了稳固俄罗斯帝国在外交上的优势，他加入英法联盟，努力想要将独立的希腊纳入自己的统治范围（1832年）。

但是西欧国家并不适合追求专制统治。查理十世对法国的统治让顺从的人民无法容忍。所以在1830年，巴黎发生了暴动，波旁王朝（Bourbons）最后一位君主被迫退位；而路易·菲利普·（Louis Philippe）在法国自由主义宪法支持下，成了法国新的国王。这场颠覆性的叛乱让尼古拉斯愤怒，但是革命浪潮很快就蔓延到比利时和意大利，然后迅速地波及俄罗斯和波兰。在康斯坦丁大公爵统治下的波兰很快失去了表面的平静，整个民族为了重获自由，他们会不计一切代价。他们计划暗杀康斯坦丁，因为他放弃了王位但没有放弃对他们的统治；他们还将邀请曾经的盟友立陶宛人加入他们，然后建立一个独立的波兰国家，阻止俄罗斯人进入欧洲。

1831年，波兰短暂的起义失败了，欧洲迎来了一个具有历史意义的事件——"华沙统治秩序"。不仅仅是华沙，整个波兰都臣服于皇帝。那些起义的人的财产被没收，许多人被收监囚禁；对于流放西伯利亚的人来说，这可能是最轻的惩罚了。波兰民族的方方面面全都受到了破坏，军队和国会被解散；俄罗斯的税收制度、司法、货币体系和度量衡制度统统涌入波兰；罗马儒略历被俄历取代；华沙大学转移到了莫斯科，波兰语被禁止在学校传授。那些声明放弃罗马天主教信仰的人会获得赔偿和赦免，许多人因此都投入了东正教的怀抱；而那些拒绝改变信仰的人就会遭到很严酷的刑罚。波兰不再存在，许多波兰人逃亡到了欧洲各地。无论是在法国、匈牙利、意大利，或是在其他存在自由的地方，都会有成千上万的波兰移民，他们向人们展示了不受限制的政权所带来的后果。无论在哪块土地上，他们都渴望能够实现政治自由。

厌恶欧洲

作为欧洲保守主义的主要代表人，尼古拉斯特别厌恶法国。巴黎是这些有害运动的中心点，而这些运动会周期性地动摇欧洲的根基。曾经让他失败的盟友查理十世，也是造成波兰叛乱的直接原因，令他折损了大量的钱财和人力；现在没有哪个国家会同法国一样乐于给波兰难民提供庇护，所以数以千计的波兰难民加入了法国军队。这使得尼古拉斯和路易·菲利普的关系变得紧张起来，他开始伺机向法国表达出自己的敌意。同时，他也在自己的帝国内进行所谓的改革。他将建立一个政治隔离区，用以屏蔽欧洲的影响。年轻人被禁止去欧洲学习，贵族在国外待的时间不能超过五年，普通百姓则不能超过三年。俄罗斯的语言、文学和历史在学校的课程教学中，必须突出其重要性。尼古拉斯还特别反感德国的自由思想。他的直觉是对的，因为百科全书派在1789年带来了革命的浪潮，而德国在1848年推动了新的思想学派的发展。所以，对尼古拉斯来说，把哲学从大学中移除，由教士教授哲学是一个明智的选择。

土耳其原本是保护埃及的，但是在1832年，埃及总督和自己的宗主国发生了战争。对俄罗斯帝国皇帝来说，这正是一个好时机。他向土耳其伸出援手，帮助他们对付埃及总督；作为回报，土耳其承诺在俄罗斯受到攻击时，将关闭达达尼尔海峡（Dardanelles），不允许任何国家的军舰以任何借口通过。这件事传到欧洲后，引起了人们的愤怒。为了摆脱这样不利的处境，尼古拉斯和他的大臣内斯尔罗德（Nesselrode）打算联合欧洲大国一起保护土耳其。但是，其中排除了法国，因为在近来的麻烦中，法国表达过对埃及总督的同情。

这场外交大博弈已经开始。尼古拉斯为了羞辱法国，与他的敌人英国联盟，表面许诺英国成为土耳其的保护国，实则比任何人都想将其毁灭。在这场滑稽的东方戏剧中，俄罗斯充当了许多奇怪的角色，多到让基督教世界感到惊讶。对于尼古拉斯来说，多年后由法国发动的战争，使他遭受了失败，可能就是法国针对这次侮辱的一个报复行为。

奥斯曼土耳其帝国在1550年苏莱曼（Suleyman）帝国的统治下达到了顶峰，其边界线向东延伸到亚洲的中心地段，在欧洲一侧与俄罗斯和奥地利接壤，紧紧地控制着埃及和非洲北部，许多城市在《圣经》和古典历史上都有记载。但是，后来就开始衰落了，当可怕的土耳其近卫不再发挥其保护作用时，就变成了一个威胁；当领导者为了保护帝国在1826年亲手摧毁他们时，这个帝国陷入了无助的混乱中，只能看着国家走向瓦解。

但是，对于欧洲来说，一个萧条的土耳其相较于一个强硬的土耳其，前者的威胁性更小。位于东方和西方门户地带的土耳其，它在欧洲有着重要的战略地位。如果这个国家繁荣发展而不是濒临灭亡的话，那它可能将成为欧洲大陆的主人。但其他国家是不会允许这样的事情发生的，所以土耳其成了波兰之后的另一块肥肉，它面临着和曾经被瓜分的波兰一样的危险。所以，为了确保欧洲的和平，最保险的就是保持这个支离破碎、惨遭破坏的古老帝国的完整性，即使它苟延残喘。这就是俄罗斯帝国、英国、奥地利和普鲁士所奉行的政策，简言之，这就是"近东问题"，这一政策在近半个世纪以来一直笼罩着欧洲国家的外交，牵动着基督教世界。我们希望，某一个国家能够抵挡这种戴着外交诡计面具的反道德行为，但是并没有这样的国家。

虽然对于所有国家来说，彼此平衡是很重要的，但对于英国和俄罗斯帝国来说，近东问题中涉及的利益对它们更为重要。英国每年从英属印度殖民地搜刮的财产需要从这里运回国内，而俄罗斯帝国的政策越来越倾向于在东方建立一个真正的、有潜力的帝国。所以原本是死敌的英国和俄罗斯帝国成了盟友，二者都想借助保持奥斯曼土耳其帝国的完整，来束缚对方的手脚。

近东问题及俄罗斯帝国的扩张

但是，俄罗斯帝国的军队悄无声息地向东方挺进。首先是进入了波斯（Persia），然后指挥左翼向希瓦（Khiva）①进发，继而继续向前，通过布哈拉（Bokhara）②侵略中国领地。

---

① 希瓦：位于中亚的封建国家，主要居民为乌兹别克人。——译者注
② 布哈拉：乌兹别克斯坦城市。——译者注

之后，令欧洲各国没有想到的是，俄罗斯帝国从中国皇帝那儿获得了特权，可以在广州建立一所学校，那些被禁止进入欧洲大学学习的俄罗斯青年可以学习中国语言，熟悉中国的生活方式。但是，这种天性就像冰川一样必定朝着更低的地方缓慢移动。俄罗斯不再满足于拥有半个欧洲和整个北亚，它像冰川般悄无声息地、以最小的阻力朝着东方移动。

尼古拉斯深知帝国对外扩张之道，但是他在帝国内部没有什么建树，二者有着鲜明的对比。他身材魁梧，总是穿着扣子紧扣的制服，他所经之处透着威严，只要看过他一眼的人就永远不会忘记他。当他尝试清除新生的反动力量，逮捕所有先进思想的人时，一个新的世界已经萌发。尽管有那么多的打压，但在很早之前就撒下的种子如今开花结果，俄罗斯的知识分子冲破了牢笼，一时间竟出现一派欣欣向荣的景象，就像欧洲其他国家一样，这些人中有历史学家、诗人、浪漫主义者和古典主义者。其中也有保守主义作家，他们对西方和新景象嗤之以鼻，他们觉得伊凡三世之前的俄罗斯比之后的好，就像伊凡大帝比彼得大帝好一样。他们憎恶普希金、果戈里和屠格涅夫，因为这些人代表新的俄罗斯发声。屠格涅夫快被俄罗斯压迫的氛围窒息死了，于是他奋起与农奴制度做抗争，他曾说："我的证据被审查员用沾满了像血一样的红墨水擦去了一半。啊！这些痛苦的时光啊！"但无论怎样，这个俄罗斯的天才还是大展宏图，也许正是因为这种压抑，才让他的内心产生了如此强烈的激情。

22. 1848年的欧洲——克里米亚战争

1848年的欧洲

1831年的革命战争只是暴风雨来临的前奏。1848年的革命从根本上震撼了整个欧洲，到处都是爱国者。在巴黎，路易·菲利普在共和党的反对声中逃跑了，工人们挥舞着波兰国旗，他们看到了希望，大地也因此激动得颤抖。在维也纳，费迪南德没有能力抵抗这次风暴，于是将王位让于他年轻的侄子弗兰茨·约瑟夫（Francis Joseph）。匈牙利在伟大的爱国者路易·科苏特（Louis Kossuth）的领导下，于1849年4月宣布自由和独立。由于匈牙利在1831年对波兰人给予了最大的鼓励和同情，所以尼古拉斯一世决定让他们知道自己的厉害。他以成千上万被流放的波兰人加入了叛乱者为由，派遣了一支军队进入匈牙利。8月，这场革命结束了，数以千计的匈牙利爱国者被杀，许多人逃到了土耳其，还有成千上万的人遭受着奥地利海瑙将军的报复。温文尔雅的弗兰茨·约瑟夫现在坐上了维也纳的王位，对匈牙利人施行的压制比尼古拉斯对波兰人更加残忍。匈牙利从欧洲的地图上被消除，他们的国会和议会被废除，国家语言、教堂和机构也被废除。然而即使如此，对叛乱者的处罚和处决持续了数年。科苏特和其余几个领导者被流放、监禁在小亚细亚，直到1851年，由于欧洲人的干预被释放。美国政府派护卫舰将他和他的朋友们送到了美国，这位匈牙利人在监禁期间通过《圣经》和字典掌握了自己民族的语言，到达美国后，他用本民族的语言发表的演讲让人们激动不已。

对于俄罗斯帝国的帮助，奥地利感激不已。尼古拉斯返回了圣彼得堡，他觉得自己已经赢得了年轻的统治者弗兰茨·约瑟夫长久的感恩。但是，尼古拉斯没有想到的是，不久之后他会说："他的忘恩负义使整个欧洲震惊。"

尼古拉斯声称自己是东方基督教的保护者

毫无疑问，尼古拉斯和其他统治者一样，都公开表示想保持奥斯曼土耳其帝国的完整性，但是他私底下决定不将近东问题留给自己的继任者，想在自己统治期内以不损害俄罗斯帝国利益的方式解决它。通过1841年的协议，俄罗斯帝国作为东方基督教世界的保护者的领导地位得到了认可。因为感激之情，奥地利与俄罗斯有了紧密联系；因为家族关系和情感联系，普鲁士与其也紧紧绑在一起。尼古拉斯下一步需要做的事情就是赢得英国的信任。1853年，通过与英国外交大臣的多次私人的、非官方的会谈，他表露了自己的计划，认为他与英国女王之间应该达成和解。他在信中是这么说的："英国和俄罗斯必须成为友国，而且这种需求没有比两国缔交更加紧迫了。如果我们双方达成共识的话，那整个欧洲就不用再为这个问题担忧。其他国家的想法无足轻重。我和你一样，都想让奥斯曼土耳其帝国继续存在。但是，我们面对的是一个病人，他病得很严重，随时可能会死了。所以，为了应对这种可能发生的意外，难道我们不应该达成共识吗？我不会允许任何人企图重建拜占庭帝国，当然，我也不会允许土耳其被分割成一个个小的共和国，那样的话，不就让它成为科苏特、马志尼和欧洲革命家们现成的庇护所了吗？而且我也非常坦白地告诉你了，我决不允许英国或任何国家在君士坦丁堡站稳脚跟。我也愿意约束我自己，不去攻占它，只作为保护者。另外，你占领埃及我不会反对，因为我清楚地知道它对英国而言多么重要，如果有必要，也可以将干地亚（Candia）①地区纳入英国范围。我并不是想和你签订协议，只是想请求你的理解，因为对于两个礼仪之邦来说，这已经足够了。我没有想着扩张俄罗斯的领土，因为帝国的领域很辽阔。我还要重复一下，这个垂危的人快要死

——————————
① 干地亚：希腊的一个港口。——译者注

154

了，如果那一天真的来临，而我们毫无预防措施的话，情况可能就会变得复杂，那我就不得不占领君士坦丁堡了。"

企图与英国合作

这是一个带有威胁性的贿赂。英国女王冷漠地拒绝了尼古拉斯的请求，她表示在任何未经其他国家一致同意的情况下，不会同俄罗斯达成或签署不利于自身利益的保密协议。与英国的谈判失败了。尼古拉斯很愤怒，也很失望。他原本寄希望于奥地利和普鲁士，但是他现在想拉拢正在寻求欧洲认可的拿破仑。英国大使受到了冷漠，而法国代表受到了自查理十世退位以来第一次的亲切问候，并且还给他们的皇帝带去了奉承之语。但是法国并没有忘记那次从莫斯科的惨败撤退，也没有忘记亚历山大在巴黎的所作所为，以及尼古拉斯在欧洲对法国的排挤。此外，即使拿破仑愿意为了赢得合作展现出友好，但是他还不确定要以什么借口去实现自己的目的。

俄罗斯帝国对土耳其的不满

幸运的是，俄罗斯帝国对土耳其产生了不满，虽然争议很小，但是后果很大，引发了欧洲历史上为数不多的大危机中的一个。二者的争议主要体现在伯利恒（Bethlehem）[①]和其他一些与耶稣降生和去世相关地方的所有权上；天主教和东正教的信徒是不是有权力拥有打开伯利恒教堂的钥匙，谁才有权力将银星放在救世主出生的银马槽里。土耳其苏丹没有按照承诺的那样，解决这个争议。但让整个欧洲震惊的是，俄罗斯王公缅希科夫因为这个争议气势汹汹地出现在了君士坦丁堡，要求苏丹立刻解决这个争议。土耳其由于恐惧而不知所措，直到英国派出的著名外交官斯特拉特福德勋爵德雷德克里弗与法国派出的德拉库尔赶来。这个争议对于杰出的他们或五个国家的内阁而言，再简单不过了。仅仅在几天内，所有的问题就都解决了，关于伯利恒的问题以及伯利恒教堂钥匙的归属问题都被愉快地解决了，只剩下一些"商业细节"需要解决。本来以为这篇可以翻过去了，没承想麻烦并没有结束，在"商业细节"背后隐藏着一场更大的麻烦。由于尼古拉斯曾以土耳其给予自己必要时的便利为条件，在奥斯曼土耳其帝国组建过一个保护基督徒的组织，并承诺确保土耳其领土内希腊基督教徒的安全。现在土耳其有了英国和法国的支持，不仅拒绝了对俄罗斯帝国的保证，而且呼吁其他国家抵制这种对其独立和权力的侵犯。最终，斯特拉特福德勋爵德雷德克里弗与内斯尔罗德伯爵、缅希科夫王公以及土耳其的大维齐尔交换了意见并进行了多次会谈，但是他们用尽一切最有技巧性的外交手段，仍然没有成

---

① 伯利恒：巴勒斯坦的一个城市。——译者注

功。1853年7月，俄罗斯军队入侵了土耳其，随后，法国和英国的舰艇穿过达达尼尔海峡——那里不再对俄罗斯的敌人进行封锁，占领了君士坦丁堡和博斯普鲁斯。

英法联手保护苏丹

奥地利虽然没有加入英、法两国的联盟，但也做出了一定的防御，而普鲁士则是完全没有参与这次冲突。

尼古拉斯所有的计划都失败了。他以埃及为诱饵，企图引诱同英国签订秘密协议的希望落空了，让奥地利统治匈牙利的尝试失败了，试图通过友好的行为，使普鲁士与自己建立联盟的计划也成了泡沫。复仇者一直追着他，他曾经对法国一系列的侮辱行为现在得到了报复。在没有一个国家支持的情况下，他以一国之力与三个国家开战。二十八年来未曾遭遇一次不幸的杰出统治即将成为过去，他快要离世，而留给这个帝国的将是一场灾难性的战争和战败后的羞辱。

但此时发生了一件奇怪的事。千百年以来，欧洲人都在竭力把伊斯兰教驱逐出这片大陆，只要能帮助基督教世界摆脱伊斯兰教，他们可以付出任何代价。现在，这个精神上的继承者——奥斯曼土耳其帝国正处于被灭的边缘。假如理查德和路易九世能够预见八百年后，英国和法国在这样一场灾难中所起的重大作用的话，那他们一定会大吃一惊。当土耳其苏丹以穆罕默德的名义呼吁伊斯兰教徒将那些侵犯他们神圣信仰的外国异教徒驱逐出去的时候，在英国出现了一个热衷于为他辩护的浪潮，就好像他的话是公正合理的。

想要通过急速而曲折的水流安全地搬运装满珠宝的树皮，这不是一件简单的事情。奥斯曼土耳其帝国就像一只快要沉没的船，挡在通往英国与其东方殖民地的门户上，这里是英国运输财产的必经之路，英国自然害怕失去这一要塞。从土耳其的国家政策考虑，这里可以对外开放。但是从英国的角度来看，与土耳其联手就是一种妥协，是用无数鲜血换来的国家利益不受损害。在以后的五十年里，这个政策一直困扰着英国，也让它美丽的名字蒙上了灰尘。在克里米亚战争中，英国与俄罗斯并无二致，他们的目的并非公开宣称的那样，他们心里清楚，他们都是为了各自不为人知的目的而战。毕竟在外交中，坦诚不是一种美德，所以我们对此也没有权力埋怨。

联军进入黑海

1854年1月4日，联盟国的军舰进入了黑海。尼古拉斯在他圣彼得堡的宫殿里，审视着事件的发展。他看着缅希科夫与拉格伦勋爵在敖德萨（Odessa）进行较量（4月22日），在阿尔玛遭受重挫（9月20日），为了保卫塞瓦斯托波尔港，俄罗斯军舰被击沉，战争变得越来越残酷。他看到敌人嚣张的气焰和无可匹敌的英勇，他们的骑兵在巴拉克拉瓦接到了一个命令（11月5日），但因错失战机而变得无用且致命，许多人认为"巴拉克拉瓦战役虽然规模宏大，但这不是战争"。糟糕的冬天来了，尼古拉斯看到了喘息的机会，恶劣的环境使得越来越多的英国士兵因寒冷而死去，并且死去的人比被俄军枪炮致死的人还多。

但是，联盟军的巨大优势还是毋庸置疑的。俄罗斯军队节节败退，最终被包围在塞瓦斯托波尔。帝国的权威受到了侮辱，每一个港口都被封锁了，他们从未感受过失败和羞涩。欧洲曾经在尼古拉斯面前卑躬屈膝，他感觉自己就像特洛伊战争中战败的阿伽门农（Agamemnon）[①]。他曾救过奥地利，也保护过普鲁士，还曾让法国感受过他的震怒。无论独裁统治在何处被嘲弄，他都会努力恢复原有的秩序。但是从1848年开始，他的政策突然就变得与某些东西不相融了，他仿佛成了新世界里旧规则的维护者。到了该离开的时候了，他的一生悠长而非凡，但此时他的生命充满了灰暗。

尼古拉斯一世逝世

一个成功的独裁者和不成功的独裁者是截然不同的。尼古拉斯曾被认为是不可战胜的勇者，四周闪耀着光芒。但是，当俄罗斯遭受多次失败后，人们愤怒了，突然醒悟了。一些匿名的文学作品如洪水般泛滥，控告着他们的君主、指责着他的大

---

① 阿伽门农：希腊国王，特洛伊战争中希腊军队的统帅。——译者注

臣、控诉着他的外交和军事。随即，在这样一个专制君主面前，出现了一个声音："奴隶们，站起来吧！在专制面前，挺直你的胸膛。我们已经在鞑靼可汗的继任者的统治下，被奴役得太久了。"

皇帝变得郁郁寡欢，沉默不语。他说："不管我的继承者以后怎样做，我都无法去改变。"当他看到奥地利与他的敌人结盟时，他震惊不已。但是，最终动摇他钢铁般的意志和使他心碎的却是他的人民对他严厉的指责和仇恨的语言。在感染了流感后，他冒着寒冷坚持去检阅他的军队，并且他没有穿大衣。五天后，他觉得自己没有时间了，于是口授了讣闻送往俄罗斯的每个城市："皇帝死了。"

23. 自由主义——农奴解放

亚历山大二世

当尼古拉斯的生命和千辛万苦征服的领地一起慢慢流失时，濒临死亡的君主对自己的儿子说："我所在意的是想留给你一个稳定的俄罗斯，外部安全，国内繁荣。但是就像你看到的，我快要死了，而留给你的却是一个让人很难承受的负担。"就这样，三十七岁的亚历山大二世承担起了帝国的重任，他的母亲是普鲁士夏洛特王国的公主，他的舅舅威廉一世于1861年从哥哥的手中继承了普鲁士王位。

克里米亚战争结束

亚历山大二世登基后对自己的人民发表的第一次讲话，其开头就是一段激情洋溢、为自己父亲辩解的话。他说，先皇的目标和目的没有错，他将继承先皇的政策，"上帝和历史会为他证明"。他只是一个有血有肉的普通人，却承诺做一个钢铁般的人，这与他自己的天性和当前的俄罗斯环境都是不符的。刚坐上王位的他忍不住去倾听人民的声音，他发现帝国必须拥有和平，因为多年的战争已经耗损了太多的人力和财力，没有了足够的农民去耕田，地主们被迫将自己的农奴送上了战场，他们已经没有钱去交税来维持一场没有希望的战争。维托里奥·埃马努埃莱（Victor Emmanuel）带着一支撒丁军队加入了盟军，而法国经过一番战斗，攻占了克里米亚的战略地——马拉科夫（Malakof）。缅希科夫的位置被戈尔恰科夫取代，但他也只能勉强维持当前的局面。战争快要结束了。

1856年3月30日，参战双方签订了和平协议。俄罗斯放弃了对土耳其各地区的专属保护权，放弃了在多瑙河流域自由航行的权力，并且撤离土耳其属国罗马尼亚公国，最糟糕的是，俄罗斯失去了黑海的控制权。俄罗斯水域所有国家禁止通行，其海岸不允许建立军火库或兵工厂。俄罗斯自彼得大帝开始取得的成就一时间荡然无存，两个世纪以来做的一切努力都被抹灭了。

发生这些灾难应该责怪谁，或者该归因于什么呢？为什么俄罗斯帝国的军队能战胜土耳其和中亚的一些国家，却不能战胜欧洲各国呢？原因开始变得明显，即便是固执的俄罗斯保守派也明白了其中的缘故。在这个时代，一个国家要想在战争中获胜，就一定要有和平意识。一个文明的国家要比野蛮的国家更加所向披靡。那段几个受过高等教育的人凌驾于数百万人民之上的时代已经过去。新的时代来临了，人们必须意识到俄罗斯不只是为几个力量强大的人而存在，普罗大众中的其他人也不该再受压迫。也就是说，俄罗斯应该是一个民族，而不是一个用苦难浇灌、用军事力量支撑的统治王国。

对自由主义的反应

经过这场大灾难，身处高位的人不再炫耀他们的头衔和官位，他们开始承担起自己身上的责任，开始谦虚地听取自由党领袖的建议，而这在几个月以前是无法想象的。他们可以畅所欲言，可以毫无畏惧地探讨国家政治，这样一种从未有过的新气象出现在人们的生活中。他们意识到了自由和解放才是国家的希望，在这样的一种思想下，俄罗斯固执的保守派突然消失了。

皇帝把1825年和1831年流放到西伯利亚的反叛者和波兰人召了回来，他开始尝试改革被破坏得支离破碎的司法系统，开始采纳已经在西方得到验证的新的体系。阻碍俄罗斯欧洲化的障碍已经被移除，所有人都尝试着从各个方面将整个民族引向全新的高度并带来幸福。俄罗斯将要振兴了，喜极而泣的人们在大街上彼此相拥。有人曾写下这样的话："人们的心因喜悦而激动，俄罗斯就像一艘搁浅的船，船长和船员都没有力量使其前进。现在，一股崛起的国民浪潮将它托起，让它远航。"

这就是1861年蔓延全国的民众情感，当亚历山大将自己的名字写在解放超过两千三百万农奴的法令上时，他注定将名垂千古。我们有必要知道农奴阶层遭受的痛苦和苦难，因为他们是俄罗斯繁荣，甚至是国家安全的最重要的依靠，他们绝对服从于皇帝一个人的意愿。如果皇帝高兴的话，他们可能会被征召入伍，服三四十年的兵役；如果皇帝不高兴，他就可能会把他们流放到西伯利亚，让他们一生都在矿山工作。他们无论何时都无处可躲，也逃不过贪婪的地主强加在他们身上的压迫，没有土地的农民被随意售卖，他们没有经过法律批准就被随意处置。后来，亚历山大推行的农奴制改革，使得他们的权利得到了认可。农奴制可能在理论上有合理的外衣，但在实践中，它却是一种恐怖的彻底的奴隶制度。

宗法制的保留

宗法制是社会的一种进步，是人类生活从黑暗的时代向前迈出的重要一步。当彼得大帝用强硬的手段把所有的自由农民变成不自由的农奴，当他建立农奴——贵族——国家的社会链条时，他将斯拉夫父权思想用到了整个国家上。但是，他表面将俄罗斯欧洲化，实际上却是在慢慢完善宗法制的结构，而且说到底，这个结构是亚洲化的统治方式，与它所标榜的欧洲化是很不协调的，这种不协调必然会带来混乱，继而引起一系列激烈的困难改革。

想要将这种思想彻底根除困难重重，它不仅需要精心经营，还需要非同一般的勇气来瓦解专制统治下的农奴制。这是一项巨大的社会实验，其结果是任何人都无法预料的。亚历山大二世的上任统治者曾想到过，也谈论过类似的改革，但是终究没有尝试。现在时机已经成熟，坐在王位上的亚历山大二世已经有足够的勇气去实现它。

这次改革或许可以用下面一句话来简单地概括。皇帝从地主手中将土地买过来（包括紧紧依附在土地的农民），然后将土地授予农民，作为交换，农民需要依据购买土地的价格总额连续四十五年按照每年百分之六的利息上交。具体来说，由公社或米尔接管这些土地，承担相应的责任和义务，以此保证每一个农民都能根据自己耕种的土地缴纳租金（或利息）。假如公社在正常开支外，还有盈余的话，就要缴纳政府税收。

这些单纯的农民多年梦想着能得到解放，本以为这些含糊的承诺能够减轻悲痛和苦难，但当他们听说自己要为土地支付金钱的时候，他们非常惊讶。难道他们的土地不是一直都属于自己的吗？这种想法在农奴制的时代里根深蒂固，农民习惯了斯拉夫民族特有的关于劳动和土地的定义，他们习惯自我安慰："我们是你们的，但土地是我们的。"原来期盼的两千五百万农奴心怀感激、兴高采烈的场面没有出现，相反，他们不满的情绪慢慢发酵，甚至在某些地方发生了起义。一个农民领袖对他领导的一万名农民说，解放农奴的法令只是一个幌子，他们被欺骗了，他们被允许享受的幸福生活也只是皇帝的施舍。可是，没想到在当时的社会条件下推行如此巨大的、具有复杂性和困难性的改革通过起义竟然实现了，在古老的宗法制下生存下来的俄罗斯农民很快有了一套完整的地方自治制度，而斯拉夫的宗主原则也没有发生改变。公社或米尔的领袖依旧由最年长的人组成，几个公社组成一个州，州的领袖负责整个区域的和平与秩序。后来还增加了一个规定，在每个州的地方自治组织机构中建立一个农民代表大会，负责相应的日常事务。

这样一种仁慈的统治给了波兰人希望，他们也想分享这些好处，获得像匈牙利人那样的福利。随后，当意大利解放时，他们变得越来越勇敢，在欧洲各地流亡的波兰人的煽动下，他们想要索求更多，想要从俄罗斯完全独立出来。他们寄希望于波兰–立陶宛联盟，恢复乌克兰边境内属于波兰的领土，重建一个自由独立的波兰王国。但是，他们希望的这些不仅没有实现，反而引发了更加彻底的毁灭。

俄罗斯自由派起初对他们有些同情，打算满足他们第一个不怎么过分的要求，但是当知道他们企图威胁俄罗斯的统一和完整时，他们内部竟变得如此上下一心。对波兰人实行的惩罚是如此的残忍，以致在1863年引发了欧洲人的抗议。波兰的语言，甚至是字母都被禁止，在这场阴谋中所有的贵族都参与了进来。他们被要求卖掉他们的土地，但是不能卖给任何波兰人。波兰的一切都成了泡沫，再也没有崛起的希望了。

24. 俄土战争——《柏林条约》

时局

俄罗斯帝国的自由主义受到了一次考验。在盛行严苛政策的时代，这个民族长期被压制的自由本性得到了解放，俄罗斯人民的心境发生了一次改变。皇帝的政策压迫性更强了，但人民却近乎狂热。一些人甚至认为芬兰应该俄罗斯化，就像波兰那样，但是考虑到它的忠诚，这个大公国才幸免于难，亚历山大仁慈地赐予他们的特权得以被承认。

当政治改革遭遇波兰叛乱时，俄罗斯帝国的方方面面也发生了巨大的变化，物质生活得到了空前的改善。铁路、电报和改良的邮局服务连接了这个帝国所有的城市，各地的人们既可以快速、方便地相互联系，也可以与整个世界沟通。工厂拔地而起，矿井不断运作，贸易、生产、文学和艺术都迸发出新的生命。

1871年，法国-普鲁士战争结束时，亚历山大二世在巴黎见到了他的舅舅——威廉一世，他正被加冕为统一的德意志帝国的皇帝。在这次危机中，俄罗斯帝国对新的德意志帝国和法国的认可与支持以及彼此之间的友情显得至关重要。俄罗斯总理戈尔恰科夫看到了机会。于是，他向欧洲各国表达了俄罗斯帝国想恢复自己在黑海的特权的想法，经过一番交涉，他们正式废除了在这些水域的中立状态。俄罗斯帝国也借此开始重建被摧毁的兵工厂，以及重夺自己在南部海域的控制权。

　　俄罗斯帝国和欧洲各国统治家族之间的紧密关系，使得欧洲的外交事宜就像家族事务一样——虽然这种关系对外交的影响微乎其微。亚历山大二世自己就处在这样的关系中，他迎娶了德国黑森公国的公主。1866年，他的儿子亚历山大三世迎娶了丹麦国王克里斯蒂安九世的女儿达格玛公主；1874年，他将自己的女儿玛莉嫁给了维多利亚女王的二儿子爱丁堡公爵。次年（1875年），比肯斯菲尔德勋爵借着土耳其金融危机和埃及财政紧缩的机会，用两千万美元购买了埃及总督在苏伊士运河的一半股权，这就使得英国对通往其印度殖民地要塞的控制权达到了百分之九十。

保加利亚和土耳其

　　自1856年后，英国人一直在不断地讨论一个话题，历任首相更是将其看作一件棘手的事，并且企图让人们忘记它。这件事随着巴尔干半岛国家一个接一个地反抗土耳其而变得众所周知，首先是黑塞哥维那（Herzegovina），其次是蒙特内格罗（Montenegro），最后是波斯尼亚（Bosnia），他们都遭到了最残酷的镇压，而且土耳其苏丹在1856年对他们许下的承诺都没有实现。没有人再愿意装作什么事也没有发生，1876年保加利亚发生了一次小规模的暴动。本该回应君士坦丁堡的一封电报要求，派出一个临时的土耳其民兵组织去处理这次暴动，并且他们可以按照自己的方式来处理。于是，七十七个村庄被烧毁，一五万千人（有人说是四万人）被屠杀，其中主要是妇女和儿童，平叛的残忍令人发指；后来，他们把保加利亚的少女卖往菲利波波利斯（Philippopolis）的恶行被揭露了出来，这些事情引起了各国的关注。一时间，宣传册、报纸杂志和演讲都在谴责英国人。斯特拉特福德勋爵德雷德克里弗、格莱斯顿（Gladstone）、约翰·布莱特（John Bright）、卡莱尔（Carlyle）和弗里曼（Freeman）作为这次事件的拥护者均被传讯，是他们使得英国在这次罪行中成了土耳其的帮凶。

无论我们怎么怀疑俄罗斯帝国是不是真的关心同样信仰东正教的东方宗教，但有一点必须承认，那就是俄罗斯帝国对自己的信仰保护一直是国策中一个重要的组成部分，这在近东问题出现之前就是如此。在每一次结盟、每一次谈判和每一份协议中，俄罗斯在这一点上是从来没有过妥协。东正教与俄罗斯政府之间的关系比天主教或新教与其他国家之间的关系更加紧密、更加神秘。

《圣斯特凡诺条约》

英国费尽心思也无法做到的事情，俄罗斯帝国须全力以赴完成。为支持被压制的塞尔维亚（Servia）、黑塞哥维那和蒙特内格罗，俄罗斯帝国对土耳其宣战了。1877年4月，俄罗斯帝国军队穿过土耳其边界。接着，他们先是攻占了尼科波利斯（Nikopolis），拿下了普列文（Plevna）①。在取得了希普卡山口（Shipka Pass）②和普列文那两场胜利后，俄罗斯帝国突袭了卡尔斯（Kars）③，横扫巴尔干半岛，直逼君士坦丁堡。1月29日，奥斯曼土耳其帝国投降了，完全听从俄罗斯皇帝的支配，而俄罗斯帝国借此提出了以下要求：准许在保加利亚建立当地的基督教政府，作为土耳其的附庸公国；蒙特内格罗、罗马尼亚和塞尔维亚独立；波斯尼亚和黑塞哥维那除多瑙河附近的领土外获得部分自治权；支付俄罗斯数额巨大的战争赔款。这就是1878年3月签订的《圣斯特凡诺条约》（The Treaty of San Stefano）的主要内容。对于没有外交眼光的人来说，这样的处理结果似乎是令人高兴的，巴尔干半岛国家获得了独立或者说获得了部分独立。奥斯曼土耳其帝国尽管被掠夺了，但没有关系，它依然像一块巨石的残骸，堵着通往东方的要塞。

---

① 普列文：保加利亚北部城市。——译者注
② 希普卡山口：位于保加利亚中部。——译者注
③ 卡尔斯：土耳其东北部国防重镇。——译者注

柏林会议

但是，对于比肯斯菲尔德、俾斯麦（Bismarck）、安德拉西（Andrassy）和匆忙赶往柏林参加六月会议的其他国家的全权代表来说，这是一个十分不慎重的外交协议，必须全部重新商议。戈尔恰科夫被迫放弃了俄罗斯已经获得的利益。保加利亚被一分为三，一部分由土耳其管理，一部分作为其附庸国，最后一部分则在一定的限制下进行自治。蒙特内格罗和塞尔维亚被独立出来，波斯尼亚和黑塞哥维那归奥地利所有。在克里米亚战争中丢失的比萨拉比亚（Bessarabia）以及卡尔斯附近的区域归还俄罗斯。最重要的是，在这些友好的国家努力下，奥斯曼土耳其帝国恢复了稳定和独立。

通过《柏林条约》，英国获得了塞浦路斯（Cyprus）①岛屿，而且迫使俄罗斯在付出巨大的人力和财力后，将自己已经获得的利益拱手相让，而俄罗斯想要实现的一系列政策都落空了。俄罗斯付出巨大代价取得的胜利，在柏林的外交战火中荡然无存。

俄罗斯外交的失败

骄傲的俄罗斯人受到了极大的伤害。有种公开的表示是，

---

① 塞浦路斯：位于地中海东部。——译者注

这次会议是对俄罗斯的羞辱，"俄罗斯的外交比无政府主义更具有破坏性"。

亚历山大二世的威望因他承诺的改革达到了顶峰，直到波兰人的暴乱刺痛了他最敏感的神经。在很长的一段时间里，俄罗斯人都相信他们的皇帝是不会让他们的希望破灭的，但是当一个又一个的改革被取消，一个又一个的残酷法令被公布，身边保守派越来越影响他时，人们才意识到，在他的统治期内，他做的唯一贡献就是1861年废除了农奴制。现在，他的威信不复从前，因为在柏林的外交失败，他也不再受人们待见了。

25. 亚历山大二世遇刺——无政府主义

对解放农奴的失望

农奴制改革让推动者和农奴都感到了失望。当时由于饥饿，俄罗斯帝国的人口死亡率出现了惊人的增长。在这片世界上最富饶的土地上，一个对农耕怀有激情的民族，竟然没有生产出足够的粮食。产生这种现象的原因太复杂了，没办法在这里一一阐述，但是在这里可以简单地说明几个。分配给每一个被解放的农奴的土地份额太小，没办法让他在满足自身需求的同时交税，除非出现丰收，而且他们不能受雇于他人。除了养家糊口外，他们每周辛苦劳作的三天成果要用来交税。如果在交税的时候，他们没有钱，那么公社的领袖可能会卖掉他们的粮食、牛羊、农具甚至房子来做补偿。但是，让所有人的生活状态都缩减到乞丐的生活水平显然是不明智的，于是当权者想了一个既保险又不会造成灾难性经济损失的方法，那就是没有钱的农民会被鞭笞。当收租日到来的时候，如果不能交税，那就要被鞭笞。斯特普尼克（Stepniak）告诉我们，在寒冷的冬季，仅仅是一个公社就能看到上千个农民排着队等着被鞭笞，以此来免除他们交不上的税款。当然，在承受鞭笞之前，他们已经想方设法地去凑税款了。高利贷的出现把交不起税收的农民推向了毁灭，有人愿意贷款就有人愿意借钱，这样的结果就导致了一个毁灭性的阶级出现，这个阶级就是资本家或掠夺者。他们不断满足农民的需求，通过创造一个富裕且强大的阶级让这个国家的秩序出现混乱，他们的权利不会被侵犯，他们罪恶的行为也不会被干预。

社会的不满

于是，另一种与农奴制近乎一致的奴役方式出现了。富有的资本家给贫困的公社或农民贷款，规定贷款的本金和利息由农民每周给他们做一定天数的工作来偿还，一直到把贷款全部还上为止。但是，根据契约条款，如果贷款人不能在规定时间内偿还，那需要偿还的本金和利息就会增加四倍或五倍。如果贷款人永远都还不上本金，那么他们就得绝望地年复一年为资本家进行无偿劳动，这种可能性是很大的。然而，最糟糕的不是农民们的穷困，而是政府官员对农民进行的随意惩罚，有时他们会对整个公社的农民进行鞭笞，有时甚至调用军队给私人，让其去镇压难以驾驭的农民。

这就是他们等待和盼望了两个世纪半的结果吗？答案显然不是。但是他们对皇帝很忠诚，且从来没有责怪过皇帝。在他们看来，皇帝做出的决定都是正确的。是邪恶的贵族把所有的一切穷苦加给他们，让他们生活得不幸福。他们痛恨贵族偷了他们的自由和土地；贵族也恨农民，农奴制的废除不但没有让他们变得富裕、幸福，还给这个国家带来了饥荒和贫苦。

虚无主义的出现

随着这些情况一年比一年严重，有人提出了请专业的人士去解决这个麻烦的社会问题。当一个区域的组织封闭起来的时候，社会主义就自然而然、不可避免地发展了。当被不断压迫饱受悲惨生活的农民愤怒，当流放到西伯利亚的政治犯发狂时，俄罗斯就会演变出了虚无主义。紧接着，就会出现可怕的、能够摧毁现代文明成果的无政府主义。

在俄罗斯帝国，第一个采用这个古老的词组"虚无主义"的人是屠格涅夫，他将其定义为用来描述一些特定的激进思想家，他们的社会理论类似于十八世纪法国哲学家们的理论，都是对政权规则的否定。所有的机构，无论是社会属性还是政治属性，或者以其他形式来掩饰其本性的，其实质都是一种专制，都必须被消除。在刚被唤醒的俄罗斯人的想法中，他们一开始的想法是通过逐步改革来废除立法专制。但是，他们失败

175

了，所以他们的需求变成了强制性的改革。人们的苦难必须得到缓解。皇帝是唯一可以授予人们这一权利的人，但是如果他不愿意去做的话，人们就会逼着他同意。没有人有权力去破坏上百万人的幸福。如果权力是高度集中的话，那么责任也应该是高度集中的。亚历山大二世的统治就像受了诅咒般，所谓农奴解放只是统治者的一个谎言。要么退位，要么死亡，他必须做出选择。腐化的组织以受过高等教育的中产阶级为中心，他们被十九世纪的智慧武装起来，疯狂地反对只适合于蒙古侵略时期的方式。但是，促使他们这么做的动力不是对人民的爱，而是对压迫者的恨。虽然，他们对农民阶级的呼吁有很少的回应，但是越来越多的俄罗斯上层阶级的人加入了这场运动。

秘密组织在四处开展工作，他们集聚了一批被误导的狂热分子和各个阶层遭受苦难的人。无论在哪儿，只要有暴行和流血，通过宣传都会激发人们相似的情感，继而加入他们。上层社会的贵族人员也私下加入了这次运动，整个俄罗斯帝国被弄得满目疮痍，甚至连皇帝族中的一些人也加入其中。一份秘密公告发布了，号召农民阶级进行反抗。尽管这引起了政府的一些怀疑，但类似的对所有俄罗斯人的号召公告张贴得到处都是，其内容无非是"我们受够了饥荒，受够了我们的儿子在绞刑架上被绞死、被流放，也受够了被下放到矿井工作。俄罗斯需要自由，如果没有自由，我们将会起来反抗"。

刺杀亚历山大二世

由于受这样的言语威胁，亚历山大二世自1870年后的生活陷入了噩梦中。他做了先辈不愿意去做的事情；他在贵族激烈的反对中，解放了两千三百万的农奴。他在内心深处觉得自己值得自己的臣民们感激他，他将因此统治一个幸福的帝国。但是他没有意识到，他绝对的权力让他的臣民痛苦不堪，他们一点幸福都没感受到。他身居王位，通过一系列严厉的镇压来维持稳定，这不是他的错；通过一个如此基础的、粗糙的、残暴的和不全面的制度来治理国家，并企图去获得无法实现的司法公正，这也不是他的错；他继承了祖先长期以来的专制独裁，这更不是他的错。也就是说，成为俄罗斯帝国皇帝的他，说到底又有何过错呢？

无论亚历山大二世走到哪儿，暗杀总是如影随形地跟着他。1879年，他的专列被装在铁轨下的地雷炸毁了。1880年，他在冬宫的行宫也被类似的方式损坏了部分。十七个人由于行刺被绑上了绞刑架，但他们唯一遗憾的是刺杀失败；数百人也因牵连被永久流放西伯利亚。他从未有过放松的时候，残酷的政策一个接一个地发布。

1881年3月13日，当亚历山大二世坐车出行时，一个炸弹丢到了他的车底下。幸运的是，他并没有受伤。然而，当他走出事故现场，走向被近卫抓起来的刺杀者时，又一个炸弹朝他扔去。亚历山大二世这次没有躲过，他被炸弹炸伤了，倒在地上喊着："救我！"他伤得很严重，但是神志清醒，奄奄一息的亚历山大二世被抬进他的寝宫，几个小时后，他便去世了。

皇帝的葬礼

在皇帝的豪华葬礼上，一个农民代表团给他献了一个花圈，这让在场的人很是动容。他们自己的话最能表达自己悲伤的心情。盖着俄罗斯帝国国旗的皇帝，身穿貂皮长袍安静地躺在教堂中央。就像发言者说："最后，我们走进了教堂，我们跪了下来，然后开始哭泣，眼泪顺着面庞落下。啊，多么悲伤啊！我们站了起来，又忍不住跪下，再一次哭泣。我们如此反复了三次，在恩人的棺材前，我们的心都破碎了，没有任何词语可以表达出我们的悲伤。我们获得了多么大的荣誉，将军把我们带来的花圈放在了他的胸口。我们农民的花圈放在离他心脏最近的地方，就如同他生前我们在他心中的分量。看到这一切，我们情不自禁地又流下了眼泪。然后将军让我们亲吻他的手，我们看着他，我们亲爱的皇帝，他的表情是如此的平静而安详，脸上溢满了幸福，就好像睡着了一般。"

如果说需要什么事情来证明虚无主义的可恶的话，那么没有什么比刺杀亚历山大二世能更好地证明了。如果说需要什么事情来毫无掩饰地揭露虚无主义信条的邪恶的话，那么毫无目的的牺牲这个对俄罗斯进行巨大改革的君主就是最直接的方式。他们刺杀了皇帝，然后毫无畏惧地走向绞刑架，而留下的那些通过庄严宣誓的人将会继续他们的行为。整个组织全部都围绕着一个危险而神秘的人物，这个人等待着一个合适的时机引发运动，然后像烈士一样死去，让其他人发誓去继续这样的恐怖行为，这样无休止下去。在他们憎恶罪行的同时，他们也费尽心思地制造另一个更加严重的罪行。他们策划阴谋诡计，消灭社会文明，就好像刺杀者的统治比专制君主的统治要好，就好像一个坏的政府比没有政府要好。

　　虚无主义尽管不能被人们接受，但它的存在可以理解。当一个人知道自己的父亲、兄弟、儿子、姐妹或是妻子被鞭打而死之后，又有谁能感受到这件事给他带来的绝望呢？被这样对待的人，如何能理性地去看待"政治改革"呢？如果在这个拥有一半亚洲血统的民族天性里，难道连野兽的天性都不足以唤醒他们吗？许多人都曾遭受过这类的事情，成千上万的人曾拥有自己的朋友、爱人和亲人，他们比自己的生命更重要，可是因为那些不负责任的政府官员或残忍的刑罚，他们日复一日地忍受着被流放的折磨。就是因为这些事，使得数百名贵族也加入其中；也就是因为这些事，使得出身贵族的苏菲亚·柏洛夫斯加亚（Sophia Perovskaya）表露出了要谋杀皇帝的想法，她不屑于所谓的仁慈，坚持自己应该像其他人一样走向绞刑架。

　　但是，这种野兽的天性不管是如何被唤醒的，都必须被压制，因为它和社会文明格格不入。人类社会不可能为那些天性找任何的借口，它应该被禁止，十九世纪的危害——虚无主义。

亚历山大三世

　　出于父亲被刺杀和自己的生命安全受到死亡威胁，亚历山大三对于改革的态度不是很明确。他的加冕仪式也因为威胁一再被推迟，最后于1883年在莫斯科举行了盛大的加冕仪式。亚历山大三世加冕不久，他就搬到了加特契纳（Gatchina）行宫。他在那里生活得就像囚犯一样。想起死在自己怀里的父亲时，他总是担心自己和家人的命运也会像父亲一样被人暗杀，他可能是这个帝国最不快乐的人了。他所发布的每一项政令简直与改革南辕北辙。亚历山大一世赐给芬兰大公国的特权，第一次遭到了干扰。文学作品和新闻报刊都受到了严格的审查。他的父亲赐给被解放的农奴的地方自治制度，也被地方长官取代，贵族重新掌握了地方大权。

　　这段压抑的、不欢快的统治，发布的每一个政令都无法让人们感受到幸福。压抑的环境逐渐让他的身体健康开始恶化。在濒临死亡的时候，他被带到了里瓦几亚（Livadia），在妻子和孩子的陪伴中，于1894年11月1日去世。

26. 芬兰-海牙法庭——政治环境

尼古拉斯二世

当亚历山大三世年轻而温和的儿子尼古拉斯二世即位时，人们希望他能给俄罗斯带来新的纪元。但这种希望没有实现，尼古拉斯二世继承了父亲制定的治国政策。他发布的政令完全不像一个开明的君主该有的行为，芬兰人感到了悲伤和失望，整个国家被强制俄罗斯化，芬兰的新闻报刊被禁止对政令发表观点，他们的心灵和家园受到了极大的伤害。在赫尔辛基大学只能学习俄语，还有其他极为恶劣的措施，这些都表露出了俄罗斯想要抹灭芬兰民族的意图——这个民族从未有过不忠或暴乱，可是得到的却是如波兰一样的命运。

参加裁军会议

如果说在当时这是一种与时代的不符，那么受邀参加裁军就是令人激动的一件事了。它在给了人们意料之外惊喜的同时，而且体现了人们的心声。无论海牙举行的和平会议（1899年）是不是能立即产生效果，它的召开都是近代社会最重要的一个事件。这是千禧年来临之际迈上世界和平之路的重要一步，引领着人们走向一个更加完美的基督教文化。对于参加会议的俄罗斯帝国皇帝来说，这个会议就意味着他需要响应号召，成为这次运动的领导者。

俄罗斯帝国的政治环境

在他的父亲临死前，尼古拉斯二世和黑森家族维多利亚女王的外孙女、爱丽丝公主的女儿订了婚。由于她的婚事，这个英德混血公主被迫公开放弃了自己的信仰，转而信仰俄罗斯的东正教。如果按照个人品质来说，尼古拉斯二世似乎不符合人们对于英雄的崇拜标准，但是人们没有责备他，反而同情这个年轻的君主，同情他被迫接受了一个难以解决的问题。他的性格让人们想起了亚历山大一世，同样模糊的政治理想和处理现实问题的专制方式。在尼古拉斯二世的加冕礼上，人们渴望的大赦没有出现，任何宽恕政治流亡犯的恩惠行为也没有出现。在西伯利亚的男女头发都等白了，还是没有等到帝国的传召令——总之，在这个充满苦难的帝国，他没有做过一件能够减轻人们痛苦的事。可能一开始，他们就不应该期盼着改革，更不应该期盼着能够得到他的宽恕与恩惠。

可是，谁能改造俄罗斯呢？谁又能改造一座火山呢？在非常坚硬的外表下，俄罗斯帝国内部隐藏着可怕的能量，那些粗暴的、组织体系不完善压抑已久的能量，那些被草草实行的政策的泛滥，随时都能引发暴乱。这个体系是由于突发事件而建立的，是临时拼凑出来的，而不是逐渐发展而来的，所以牵一发而动全身。当这些已有的制度发生不适合时，就会有更多的制度措施被发布，然后残忍地将其打压下去，随即这些制度措施就又会成为整个体系中的一部分。

俄罗斯专制统治看似祥和，但是在它表面之下却是混乱。总体来看，斯拉夫那些没有开化且在混乱最底端的人，他们生活得非常无助，非常悲惨；而在斯拉夫人之上的是俄罗斯的思想家，他们有着过人的智慧，他们对普遍存在的悲惨生活充满了厌恶。当然，在最表面的依旧是闪亮而华丽的外表，它足以与其他民族媲美。皇帝可能会用自我辩解来说"国家就是我"，虽然这是事实。但是，即使他能够将司法、立法和行政以及所有一切权力集于一身，却没有一个渠道或一个完善的体系让他实施他的政策。上层社会的人是永远不会体会到底层人的苦难的，但恰恰是位于底层的人在支撑着这个帝国的繁荣发展。各个社会组织之间没有实际的联系，它们仅仅是一个独立的机构，并不能称为一个整体。俄罗斯就好像一个异质体，它接受了希腊的管理方式、鞑靼的统治方式和欧洲的治理方式，但是并没有把它们消化掉；俄罗斯帝国令人惊讶的社会文明，其在艺术、文学、外交和其他领域取得的各种成就，并不是完全得益于自身的发展。整个民族的学者似乎涌入了相同的领域，他们用诗歌写出了如此悲伤的故事，用音乐表达着沉重的悲伤和宣泄的情感，用画布描绘着令人颤抖而真实的战争故事。

俄罗斯作为文明史中最年轻的民族，只进行了部分自我文明化，俄罗斯问题即使不是当今世界问题中最重要的，那至少也是其中的问题之一。再说，俄罗斯帝国未来的问题还尚未可知，它才刚刚开始释放自己储藏的巨大能量。可是，俄罗斯帝国会怎么运用这种巨大的能量呢？是在微妙和深远政策的指导下，悄无声息地向东方移动，还是选择其他路呢？又有谁能够预料到最后的结果是什么呢？这个发源于第聂伯河流域的斯拉夫城邦，这个在一百多年前还被认为是野蛮人而不被欧洲国家接纳的俄罗斯帝国，它的最终命运又是什么样呢？

俄罗斯帝国与其他国家的距离相差甚远，但在某些生活危机中，它和美国的情况还是比较相近的。所以，在美国出现危机时，俄罗斯帝国选择了与美国站在一起，并给予美国慷慨的帮助。一个有着辽阔疆域的国家，一个有着无法计算财富的国家，一个有着世界上最值得信赖、最忠诚和最勤劳的农民阶级，且有着强烈的民族骄傲和爱国主义情怀的国家，就是这样一个俄罗斯帝国，它还需要什么呢？如果说它真的还需要什么的话，那可能就只有这三样东西——抛弃残酷；建立一个和谐统一的国家；能够公正地管理人民。这三件事是俄罗斯帝国必须做的。在即将到来的下一个世纪，野蛮文明将无处可去。这个大片土地都处于冰冻的国家不可能再以一个人的意志为准则，以此来奴役人民。人们也将发现，残酷的制度将被抛弃，仁慈和公正人民也可以获得。

俄罗斯帝国和英国之间的敌意不仅仅是表面展现的样子，它还有更深层的含义。两国争执的不是近东问题，不是谁来控制君士坦丁堡，也不是从中国手中获得特权，而是两国迥然不同的政治体制之间的对立。俄罗斯帝国代表的是一种专制主义制度，人民没有任何权利，而英国代表的则是一种自由的政治体系，人民可以按照自己的自由、意愿办事。在这样的冲突中，最终只能有一个胜者，在这样的问题中，最终也只能有一个答案。我们的目的在过去被定得太大，以至于很容易引起人们的误会。美国热衷地希望，这个在我们危急时刻慷慨给予我们友谊的俄罗斯帝国，不是因为内部的斗争，而是出于自己的选择，完全自愿地去适应先进的社会文明。

俄国简史补编

　　从留里克到尼古拉斯三世，俄罗斯的政策制定都是出于统治者对大海的渴望。这个拥有辽阔疆域的帝国，生命中每一次伟大的斗争，最终都是为了打开朝向大海的门，但是吝啬的大自然并没有厚待俄罗斯。自俄罗斯存在的第一个世纪开始，留里克和他的后代就不断地试图打开通往地中海的大门，但是失败了。后来，伊凡四世和他的后代们，通过各种方式仅仅是取得了一点成果，并没有大的突破。随着失败的次数增多，这种渴望慢慢地浸入他们的血肉，成了一种民族天性。当彼得大帝第一次俯瞰大海，当他在黑海建立海军舰队，当他在涅瓦河海岸建立都城时，这些其实源于他血肉里不安于现状的天性，这天性甚至在远东创造了历史。

　　1582年，哥萨克强盗和叶尔马克在被宣判死刑后，以横穿亚洲大陆，通向太平洋的西伯利亚作为交换，获得了伊凡四世的赦免。八百个哥萨克强盗在叶尔马克带领下侵略了亚洲分散的个别部落，并征服了西伯利亚。在叶尔马克被判处死刑后，他将西伯利亚当作礼物送给了"东正教沙皇"，以换取他的赦免。

让东西伯利亚发展起来的是一个自身能力极强的人，名叫穆拉维约夫（Muraviev）。1846年，他和他的追随者穿过亚洲大陆，一直到达了阿穆尔河附近。在尼古拉斯一世统治时期，俄罗斯在太平洋建立了一个军事港口。

尼古拉斯二世的曾祖父改变了沙皇俄国一直以来的发展方向，不再模仿欧洲的发展模式，转向东方化。在禁止俄罗斯帝国的年轻人去欧洲的大学接受教育的同时，还在广东建立了一个学校机构，让俄罗斯帝国的年轻人在那里学习中国的语言和社会文明。总之，俄罗斯帝国已经把东方化视为目的了。俄罗斯帝国这只雄鹰从那时起，就飞向了冉冉升起的太阳，而不是落日。

现在穆拉维约夫作为西伯利亚东部省份的省长，被授权与中国协商。1858年，中国与俄罗斯签订《瑷珲条约》，同意俄罗斯占领黑龙江以左的土地。但是，这只是俄罗斯帝国向下发展的一个垫脚石。从黑龙江口到朝鲜边界处，有一片邻近乌苏里江的区域，而它就是俄罗斯帝国的下一个目标。俄罗斯帝国是如何获得那片区域的，就不在这里阐述了。只说一句，中国勉强答应了双方暂时共同管理这片区域。但是在1859年，由于某些原因，俄罗斯帝国最终得到了它。1860年，俄罗斯帝国强迫中国签订了《北京条约》，将乌苏里江以东，包括海参崴割让给了俄罗斯帝国。随后，俄罗斯帝国在此地建立了它在远东地区的重要军事基地。

然而，由于海参崴离俄罗斯帝国核心区域太远，且结冰期长，所以使得这里的发展缓慢。加之，从这里出发的船只能通过日本控制的入海口进入公海。应该如何克服这些障碍，成了俄罗斯帝国急需解决的问题。

所以，俄罗斯帝国计划修建一条连接莫斯科和海参崴的铁路。这样一来，使两地的交通更加方便，使其成了俄罗斯帝国在远东的重要港口。但是，俄罗斯帝国的野心不止于此，它想要从中国获得更多的权益。它需要一个时机，一个可以强取豪夺的时机。很快，这个时机就来了。1894年，中日甲午战争爆发了。

不幸的是，在这场战争中，日本获得了胜利。胜利者自然是可以任意向失败者提要求的。于是，不平等的《马关条约》就签订了。日本从这场战争中获得的巨大利益，使得俄罗斯帝国的权益受到了损害，尤其是日本对辽东半岛的占领。于是，在《马关条约》签订几天后，俄罗斯帝国联合德国和法国对此进行干涉，这就是著名的"三国干涉还辽"。

1895年，日本内阁及大本营重臣在京都举行会议，会议决定，日本放弃对辽东半岛的永久占有权。虽然，俄罗斯帝国赢得了胜利，但是却也因此埋下了祸患。

日本从建国开始，就是一个封建制度国家，天皇是日本最高的、神圣的统治者。但是，天皇不参与这个国家的俗事，而真正管理国家，掌握国家实权的是幕府。在很长的一段时间内，幕府拥有着绝对的权力，而最后一个幕府——德川幕府的权力可谓是达到了顶峰。不仅对外"闭关锁国"，对内更是禁止外国商人进入。在资本主义工商业的冲击下，日本商人越来越不满德川幕府的统治，他们开始组成政治性联盟，与反对幕府统治的农民阶层联合起来，发动了倒幕运动。

　　而"黑船事件"无疑加速了幕府的灭亡。1853年，美国总统写信给德川幕府，要求与日本建立外交和贸易关系。1854年，日本和美国在横滨签订了《日美亲善条约》，同意向美国开放下田和箱馆两个港口。紧接着，一系列不平等的条约接踵而来，德川幕府再度成了民众口诛笔伐的对象，且讨伐浪潮越来越高。

　　1869年，幕府将军统治结束了。这场改革运动使得日本建立了君主立宪制，并且掀起了学习欧美技术，进行工业化改革的浪潮。此外，日本在司法、教育等方面也进行了改革。由于这场改革运动始于明治天皇，故称为明治维新。但是，明治维新改革得不够彻底，保留了大量的封建残余，日本通过改革综合国力迅速增长，跻身帝国主义列强行列，最终走上了对外侵略扩张的军国主义道路。因此，也就有了中日甲午战争，继而引发了日俄战争。

　　在日俄战争爆发前，由于"三国干涉还辽"这一举措，德国强迫租赁中国的山东，俄罗斯帝国强行租借旅顺、大连及附近海域，霸占了整个辽东半岛，而中国被迫同意其要求，并且还同意让俄罗斯帝国铁路经由哈尔滨，直至亚瑟港。这样一来，俄罗斯帝国的军队就涌入了亚瑟港。

随着1900年八国联军侵华战争的爆发，中国的战败，俄罗斯帝国提出，想要永久地占领整个东北，而不仅只是辽东半岛。但是，美国、英国出于各自的目的均反对俄罗斯帝国这一要求，并且与日本结成了同盟。另一方面，德国和法国则对俄罗斯帝国的远东政策表示支持。这样一来，帝国主义国家在远东问题上，就形成了两大集团。

1904年，日本舰队在天皇的指示下，攻击了俄罗斯帝国在旅顺的舰队，随即战争越演越烈。俄罗斯帝国不断向远东增兵，鸭绿江、旅顺以及海参崴等都部署了大量兵力，防止日本登陆辽东半岛。同时，为了保护正在缓慢进入朝鲜的锯木厂和其他产业，俄罗斯帝国充当了朝鲜政府的保护者和代言人，宣称自己有权利修建铁路，架设电报机，或施行任何可以保护居住在朝鲜的俄罗斯公民的措施。任何试图将东北或朝鲜作为外贸交易市场，或是为外国居民开放的外交要求，都被俄罗斯帝国拒绝，俨然一副主人的架势。这就使得对于日本与朝鲜来说都至关重要的对马海峡的安全受到了威胁，因为俄罗斯帝国对此也不是没有野心。1905年，俄罗斯帝国舰队进入金兰湾，引起日本政府强烈不满。随后，日本舰队主力在对马海峡集结待命，一场大战不可避免地爆发了。

这里要说明一点的是，俄罗斯帝国在与敌人展开生死决斗的时候，俄罗斯帝国内部也发生了动乱。对外战争所带来的战争损耗都压在了民众身上，人们对君主的统治越来越不满，自由主义者和各个阶层的进步者，以及芬兰人和波兰人都蠢蠢欲动，空气中弥漫着令人兴奋的气息。

此时，旧俄罗斯代表者和神圣主教的化身、反动派的领导人冯·普尔夫在俄罗斯帝国皇帝的"扶持"下掌权。

1903年，在基什内夫（Kishineff）发生了令人惊恐的犹太教徒大屠杀事件。随后，俄罗斯帝国政府颁布了一道帝国敕令，承诺所有宗教信仰自由者加入改革中。维特先生（M. de Witte）作为进步党的领导人来执行这个新政策。但是，在专制统治阶级的压力下，皇帝让冯·普尔夫替换了维特先生。然而，在冯·普尔夫的管理下，改革的敕令实际上并没有施行。

1904年6月15日，俄罗斯帝国指派为芬兰总督的博布里科夫（Bobrikov）将军被芬兰一个议员的儿子暗杀了。紧接着，在7月28日，冯·普尔夫在圣彼得堡被炸药炸死了。皇帝明白这些事件背后的意义，于是很快就让有着自由主义倾向的米尔斯克王侯取代冯·普尔夫在内政部的位置。米尔斯克一上台首先做的事情是，授权所有地方自治政府召开代表会议，深入了解国家现状。11月，经过米尔斯克的批准，在莫斯科召开了第一次地方自治政府领导会议，这次会议是以前从未出现的，是人民有权利对政府的政策、措施发表意见，进行讨论的。

但是，不幸的是，这些措施并没有顺利地实行。由于种种混乱的因素，继而引发了俄罗斯帝国1905年的革命。加之，在俄罗斯帝国与日本的战争中，俄罗斯帝国战败了。这就使得俄罗斯帝国面临内忧外患的危机。

但是，既然战败了，那就意味着要接受战胜国的要求。于是，谈判要开始了。俄罗斯帝国派出的是维特先生和俄罗斯帝国驻美大使罗森男爵（Baron Rosen），日本则派出的是日本外交部长小村男爵（Baron Komura）和日本驻华盛顿外交部长高加罗·隆平（Kogaro Takahira）。谈判开始，双方都极力维护各国的权益，俄罗斯帝国方面则始终没有意识到自己是战败的一方，始终坚持双方是自愿停战，而日本方面则提出了十二条要求，态度很是强硬。后经美国出面斡旋，谈判才得以进行下去。最终，俄罗斯帝国和日本于1905年签订了《朴茨茅斯合约》。俄罗斯帝国承认了日本在朝鲜的政治、军事及经济地位，并且不能干涉日本对朝鲜的任何举措。另外，俄罗斯帝国将旅顺、大连及其附近海域的租借权和其他特权均转让日本，甚至辽东半岛的租借权也一并转让日本，并且赔偿日本六百万美元的战争费用。俄罗斯帝国通过一系列手段在远东地区得到的权益，可谓是化为乌有了。

俄罗斯帝国面对这一结果，尼古拉斯二世意识到必须要安抚自己的人民。于是，他宣布将会组建"国民议会"，议会将由上议院和下议院组成。上议院称为"帝国委员会"，下议院称为"杜马"。这两个议院每年根据帝国敕令，召开会议和休会。帝国委员会一半成员都由沙皇指派，只有很少一部分成员则是由指定的大学成员和商业团体担任，此外，每个地方自治区（共占有五十一个帝国委员会成员名额）有权选派一个代表进入帝国委员会。杜马的成员将由选举团指派，不同省份的人将依次投票选举每个省的代表以此来组成选举团。

在法案的提出方面，两个议院都有同样的权力。但是一项法案在上升到国家法律之前，需要两个议院都同意，还需要皇帝的批准。如果说这项法案在本次议会上没有通过中间的某一个环节，那么在本次议会期间就不能再被提出。当然，涉及财政和叛国罪的法律，基本上都由帝国委员会控制。

此外，除了组建国民议会外，尼古拉斯二世宣布俄罗斯帝国实行君主立宪制。这一行为让专制的俄罗斯帝国陷入骚动，而且这一明智的、合理的行为是无政府主义任何夸张的言行都比不上的。在一开始，这次行动就将官僚主义宪法转变为民主主义宪法，从而极大地以削弱保守党的势力来加强民主党派的力量。杜马的领袖们清楚地知道自己想要的是什么，以及怎么清楚地、有力地、冷静地和坚决地表达他们的要求。总之，这一切引起了帝国保守党派的极度恐慌，具体体现为为了加强皇权，他们修改了所谓的"基本法"，但还是一成不变地、不可撼动地保护皇帝和内阁大臣们的政权以及自身的权益。但是，尼古拉斯二世在他的内阁和高级政府官员的协助下，起草了新版本的《基本法》，以此应对新的威胁。

所以，皇帝有意与官僚主义政党为伍，不亲近自己的子民们，随之，人们的愤怒之火燃烧了，他们对皇帝愤愤不平，甚至在某种程度上，他们要求撤销帝国委员会。自此，皇帝和俄罗斯民众之间起初的裂缝变成了无法逾越的鸿沟。

因为自由主义者认为，一方面维特是保守主义事业的维护者，另一方面也是因为他自身表现出来的冷淡，所以导致自由主义者对他失望了。官僚主义者更是不愿意接受维特，从一开始他们就厌恶维特，这种厌恶并不是因为他在朴次茅斯谈判中的表现。此时的维特不再属于这个时代了。所以，作为帝国委员会主席的他卸任了。

而皇帝坚持的杜马改革如下：另一个议会的主席应该为人民的利益考虑；各地劳作的农民的分配应该由皇帝和牧师负责；大赦令中应该包含释放所有的政治犯；废除死刑。

关于这些改革的报道的印刷物被广为发放，而且这是农民阶级第一次能够看清某件事情真正的样子。农民阶级曾经总是把错误归于贵族阶级，他们觉得贵族阶级把他们的土地骗走，还把《解放法》中规定的属于他们的权力剥夺。但是，现在他们该责问的人既不是贵族阶级了，也不是残忍地拒绝归还他们土地和自由的波雅尔了，而是他们过去一直相信和仰慕的君主。

在这个时候，这群没有经验但是有决心的人，面对的是另一群有相同决心又有经验的官员。从没有比当时更需要冷静和智慧的时刻了，正是这个时刻，一个狂野的革命派要竭尽全力去激发农民阶级的强烈情感，而这个阶级的人已经因一种误认和背叛的情感而疯狂了，他们临近毁灭性愤怒的边缘，一边抢劫，一边把恐怖带入这个帝国最遥远的部分。

　　杜马甚至要求更大的自由权来处理事务，也要求拥有比上议院更高的权力，而上议院早就制定并实行了新的更有力的压制方案。在内政部长杜尔诺沃先生（Durnovo）支持下，颁布了《加强防卫法》。高级官员或由高级官员指派的下属，在这部法律的掩护下，被赋予逮捕权、关押权以及判处流放和死刑的权力，而他们在行使这些权力的时候，既不需要执行令，也不需要上诉法院，或是通过任何司法程序。

　　1906年7月16日，内政部助理秘书马卡洛夫被杜马质问了三十三个问题（有关许多未上报法院的特定案件）后，他很坦率地回答："是的。我们没有执行令，也没有上诉法院，但是我们把这些人关押起来，而且将这些人中的一部分人和其他人一样都被流放到西伯利亚了。这只是根据情况做的一种预防措施，而《加强防卫法》授予了我们执行这种预防措施的权力。"

　　去年十月（1905年），民众还因皇帝在宣言中提到的话而感到高兴，"为了服从我们不可改变的意愿，我们在此宣告，俄罗斯政府的职责是将思想自由、言论自由、集会自由、组织自由赋予我们深爱的人民，以及真正地确保他们的人身权利不可侵犯"。"没有'杜马'的许可，任何法律都不能生效，'杜马'同样有权控制官员的行为"。但是，部长们和总督们或是由他们指派的人，都能自行决定关押和流放他人，或杀死反抗命令的人，而且他们的行为还受到《加强防卫法》的保护。

如果继续放任他们的行为不管，那杜马中自由处事的政体方式和即将对世界披露的真相，一定会摧毁俄罗斯官僚主义的事业。对于皇帝来说，他有两条路可以选择：一条路是他必须放弃专制统治的体制，赋予人民真正的权力；另一条路是他必须遣散这个公然违抗他意愿的代表团体。显然，他选择了后一条路。

1906年7月21日，帝国发布了敕令，宣布解散第一届国家杜马。发布这条敕令的原因是："议会并不能专心于立法的工作，相反，他们在一个自己无力走出的圈子里迷失了。他们还谈论《基本法》的缺点，但是这部法典只能根据君主的意愿修改。"同时，皇帝宣称，保证议会的建立是他永恒的目的，他说，在1907年3月5日他将召集人们组建新的杜马。

于是，一个由一百八十六名代表组成的团体，其中包含杜马中的宪制成员和保守派的成员，很快在维堡和芬兰组建。但是，他们被一个军事团体强行驱散，而就在几个小时以前，他们还在准备对"所有俄罗斯公民"发表的演讲。这个演讲大概的内容是对俄罗斯人的最后警告，并且提醒人们，如果有任何一个议会确实在皇帝承诺的日期全部被组建起来，那皇帝也只是为了获得一个可以随意摆布的、恭顺的议会。但是，俄罗斯帝国必须存在一个代表人民的议会。

俄罗斯帝国专制统治的日子进入倒计时了。俄罗斯帝国人民想要承担结束专制统治这样艰巨的任务，一个世纪的准备时间可能是短暂的，毕竟他们需要让这个由不同元素组成的国家，变成一个和谐的国家，而且要将一个未发展的农民阶级转变成有能力的公民阶层。他们所面对的独特的问题，在历史上找不到第二个。但是，正是因为各种各样的问题，才让俄罗斯帝国人在野蛮与混乱中，展现出不同凡响的一面，并且一步步走向现代文明。

期待年轻的皇帝在登上皇位后，能够废除先辈们建立的专制体制，这是没用的。随着时间的流逝，专制体制最终会消亡在历史进程中，因为它是残酷的，与时代发展是不协调的。我们要相信且坚信，普罗大众所希望的一个伟大的国家（可能是地球上最伟大的国家）即将到来。

另外，不要错认了参与那场辉煌议会之战的人们的身份，在杜马中承担责任的他们，推动战争的他们不是拥有一双辛勤劳累的手的农民。要想成为那个坚强的团体中的一员，需要具备一定的教育背景和财产，所以这个团体一定排除了农民阶级。杜马代表的不是被解放的农奴，而是"俄罗斯帝国的农村地区"。从长时期被忘却的境地中走出来，帮助俄罗斯人民主导自己命运的那些人，就是这片土地上农民阶级的领导者，古老而庞大的家族成员们，或是拥有大片土地的私有者，如多尔戈鲁基王公一样的人们，还有一些比罗曼诺夫家族还要古老的家族，诸如此类的人，就是杜马的领导者们。他们有着实用主义和理想主义思想，他们的想法富有想象力和爆炸性，他们具有极强的辩论能力，他们在适当的时候，提供了新的元素，带

来了新的力量。这些不同的人让俄罗斯人感到高兴，他们就像
"农夫"，站在冲突的最前端，拥有无限的力量，用他们未被
侵蚀的血肉捍卫着新生的俄国。

（注：此部分内容有修改。）

附录　俄国统治族谱

基辅的王子

留里克（俄罗斯留里克王朝的创立者）862—879年

奥列格（留里克的弟弟，摄政）879—912年

伊戈尔（留里克之子）912—945年

奥尔加（伊戈尔之妻）945—964年

斯维亚托斯拉夫 964—972年

弗拉基米尔（992年将俄罗斯基督教化）972—1015年

雅罗斯拉夫（立法者）1015—1054年

英雄时代的结束

伊贾斯拉夫 1054—1078年

弗谢沃洛德 1078—1093年

斯维亚托波尔克 1093—1113年

弗拉基米尔·莫诺马赫 1113—1125年

有争议的苏兹达尔君主

伊贾斯拉夫 1146—1155年

乔治·多尔戈鲁基（最后一位基辅大公）1155—1169年

基辅衰落，1169年

安德鲁·博格洛布斯基（苏兹达尔第一任大公）1169—1174年

乔治二世（多尔戈鲁基）1212—1238年

雅罗斯拉夫二世（亚历山大·涅夫斯基的父亲，莫斯科第一任大公丹尼尔的祖父）1238—1246年

莫斯科王公

丹尼尔（亚历山大·涅夫斯基之子）1260—1303年

乔治（尤里）·多尔戈鲁基 1303—1325年

伊凡一世 1328—1341年

西米恩 1341—1353年

伊凡二世 1353—1359年

莫斯科王公和苏兹达尔大公

德米特里·顿斯科伊 1363—1389年

瓦西里·德米特里·耶维奇 1389—1425年

瓦西里一世（莫斯科、诺夫哥罗德和苏兹达尔王公）1425—1462年

所有的俄罗斯大公

伊凡三世1462—1505年

瓦西里二世1505—1533年

俄国沙皇

伊凡四世（伊凡雷帝）1533—1584年

费奥多·伊凡诺维奇1584—1598年

鲍里斯·戈东诺夫（篡位者）1598—1605年

假德米特里 1605—1606年

瓦西里四世 1606—1609年

米哈伊尔·罗曼诺夫 1613—1645年

亚历克西斯（彼得大帝的父亲）1645—1676年

费奥多·亚历克西斯维奇1676—1682年

伊凡五世和彼得一世共治（伊凡五世死于1696年）1682—1696年

俄罗斯帝国皇帝

彼得一世（彼得大帝）1682—1696年、1696—1725年

凯瑟琳一世1725—1727年

彼得二世（彼得大帝的孙子）1727—1730年

安娜·伊万诺芙娜（伊凡五世的女儿，彼得大帝的侄女）
1730—1740年

伊凡六世 1740—1741年

伊丽莎白·彼得罗芙娜（彼得一世的女儿）1741—1761年

彼得三世（伊丽莎白·彼得罗芙娜的侄子，执政五个月被暗
杀）1762年

凯瑟琳二世（彼得三世的妻子）1762—1796年

保罗一世 1796—1801年

亚历山大一世 1801—1825年

尼古拉斯一世 1825—1855年

亚历山大二世 1855—1881年

亚历山大三世 1881—1894年

尼古拉斯二世 1894—1917年

作者简介

[美]玛丽·普拉特·帕米利（1843—1911），美国史学家、作家。她于19世纪末和20世纪初写的国别简史是她成功的著作，包括法国、俄国、德国、英国简史等。她擅长用优雅的故事将该国不同的历史时刻串起来，所涉及内容广泛，通俗易懂。

译者简介

宋纯，天津外国语大学硕士研究生毕业。曾参与中国现代诗的英译和世界名著的翻译工作。